直観レーサー玉中哲二の

マッハ車検物語

2017年
鈴鹿サーキット
キシュルルルル
あっ
マッハ号だ!!

漫画 しんむらけーいちろー
車検物語

マッ
マッハ車検
ESPELIR
GTNET

よし
マシンは完璧だ
とにかく
楽しんで
走ってこい！

カッコイイなー
マッハ号
服部さん
玉中監督って
ドライバーでも
あるんですよね～
マッハ
ヲタ
玉中は
多忙な男でね
じつはマッハ車検の
社長でも
あるんだよ
株式会社マッハ マーケティング統括室　室長
服部　慎司
えーっ
そんなコトまで
やっているんですか⁉

ってコトは
玉中監督は
昔からかなりの
エリートだったって
コトですか？
キラリ
あれ？
服部さん
どう
したんですか？
いやぁ
その…
ポリ
ポリ
じつは
玉中は…
マッハ車検

目次

『第四章』直観の起死回生――125

Your Voice

実録　玉中哲二激走仕事人生
「ピンチの後こそチャンスを掴む！」

レーシングドライバー玉中哲二。１９８９年のＦＪ１６００を皮切りに、フォーミュラ・ニッポン、全日本ＧＴ選手権、そして２０００２年からはスーパーＧＴ・ＧＴ３００クラスに現在も参戦し続けている。ドライバーとしてだけでなく、チームオーナーであり監督でもある。大スポンサー付きではない自力での挑戦は、もはや29年を超えた。

玉中哲二にはもう一つの顔がある。福岡県北九州市に本社を置く全国展開中の車検店舗『マッハ車検』の経営者だ。アニメ「マッハＧｏＧｏＧｏ」のキャラクターを用い、自社開発の車検システム〝マッハタッチ〟を導入。フランチャイズ店舗は50を超え（２０１８年現在）さらなる躍進は続く。

レーサーであり実業家。だが玉中は栄光への道を一直線に走ってきたのではもちろん、なかった。

ヤンチャ時代は交通機動隊、お巡りさんとの追いかけっこ。紆余曲折のアップ&ダウン、あちこちぶつかり躓《つまづ》いて、はたまた突き落とされて。裏切られてもネバネバネバギブアップ！

玉中はその都度大ピンチを大チャンスに変えてきた。一体そのチカラはどこにあるのか？ 物事の本質を瞬時にとらえる、その天性の直観力とはなんだ！

クルマと仲間をこよなく愛し、人生をとことん楽しむ直観レーサー。

ドキュメント玉中哲二。そのビックリ激走人生を初公開しよう。

第一章
人生のカーブ

玉中監督って何かあったんですか？
ポリポリ
じつはね…
一九七九年 福岡県 北九州市 小倉──
パラララ

玉中哲二
当時17歳
彼は暴走族の
リーダーとして
夜の風を
謳歌していた…

今だからこそ時効ではあるが彼がバイクと出会ったのは
バイクオモシれ〜っ
哲っちゃんスゲー
遥か小学生の時である…(笑)
そのため中学ではフツーにバイクで登校したり…
あ〜、今日もかったりィ〜
うわっ玉中またバイクで来てる
そんなコトから彼はバイクと接することが多く
高校生となり正式に免許を手にする頃には
すでに曲芸を極める域となっていた
やる〜っ哲っちゃん♡

哲《テツ》ちゃん
警察《マッポ》だ!!
なーに
警察《あいつら》と
鬼ごっこするのは
いつもの
コトじゃねーか

交機だ!!
いや
数が違う!!
あいつら
本気で俺達を
捕まえる気だ!!
へえ
ならば望む
トコロじゃ
ねーか!
オレは
勝負ごとが
好きなんでね

グイッ
勝負するなら
ズン
誰にも負けねーっ!!

あのガキィ
交機をナメんなよ

へぇ
さすが交機のオッサン
ついてくんじゃねーか
コラッ
もうお前の顔は覚えたぞ!!

必ずお前を
しょっぴいてやるからな
出来るもんなら
やってみろよ
ニヤッ

クソガキ
バカにしやがって!!

お…おい
哲ちゃん…
あのスピードで
あの交差点
曲がる気か!?
あれ
ヤバくねー!?
あのガキ
死ぬ気か!?

なにィ…曲がっただとっ⁉

あんのガキィ…
待っとれや…

正直
あの頃は
怖いモノ知らずで
只々
突っ走るコトが
楽しかった…
サイコー
そしてオレは
この小倉《まち》で…
いや
日本中…
誰にも
負けない…と
思っていた…
1982年2月
ドンッ
ドンッ
ドンッ
ドンッ
誰だよ…
朝っぱらから…

ガ
チャ
玉中哲二
逮捕にきたぞ!!
さあ
署まで
来てもらおうか
佐世保少年院
この朝
オレの人生の
カーブが
加速した…

■第一章　人生のカーブ

哲ちゃん、小倉の街の疾風《かぜ》となる

1970年代の半ばから〝暴走族〟は全国的な広がりをみせ、玉中の地元でも例外ではなかった。哲二16歳。すでにバイクキャリアは長く、テクニックはだれにも負けない。仲間から慕われる〝哲ちゃん〟は「族」を結成、リーダーとなる。この時、バイク、クルマとの長い付き合いが始まるとは、考えてもみなかった。

先ずはここで、レーシングドライバーとしての先輩であり、プライベートでも付き合いのある〝日本一速い男〟との異名を持つ星野一義氏にご登場願おう。

玉中が小倉の街を爆走をしていた頃、レーサー星野は国内レースで連戦連勝。80年代の彼はまさに絶頂期。日本におけるモータースポーツブームのトップレーサーとして人気を集めていた。大先輩である。

そんな星野氏と玉中が初めて一緒にサーキットを走ったのは、玉中のフォーミュラ・ニッポンのデビュー戦であった。

若い頃の意気込み そこから始まるんだよ

星野一義
(株)ホシノインパル 代表取締役社長

もう20何年も前、玉中ちゃんとはハワイでゴルフを通じて親交を深めたんだ。

彼は今もオフシーズンにはハワイでゴルフでしょ、羨ましいね。ビジネスで成功してるからね。

——昔は玉中もヤンチャだったようだが…

若い頃の〝ワル〟なんて、みんなそうよ。それなりの意気込みがないとレースなんてできない。レースやるにもビジネスにしてもワガママというか〝根性〟がないと。彼にはハングリー精神があるんだろうね。勝手に飛び出したからには自分で生きていくっていう、それはもう必死で這い上がったと思うよ。

僕も学校辞めて勘当されて東京行った時の所持金2万円だったもん（笑）。そこから始まった。親に従うっていうんじゃなくってさ。自分に従う。そういう意味では玉中ちゃんも僕も、親に自由にさせてもらった、っていうのはよかったんだろうね。

玉中ちゃんもビジネスをやるにあたっては発想力や資金力もあったのだろうけど、やはりスタッフにも恵まれていたんだろうね。

レースはドライバーだけの力ではなく、総合力が重要。レースへの入れ込み方は僕のほうが上だったけど、ビジネスにおいては玉中ちゃん、すげーな。爪の垢ちょっと飲まなきゃ（笑）。

玉中のビジネス手腕を「すげーな」という星野氏。寒い日本の冬を逃れて三か月はハワイで過ごすという現在の玉中哲二。「そりゃ、羨ましいし理想だよね」

ニッポンの名レーシングドライバーにしてゴルフ仲間の星野氏も認めるその根性とハングリー精神とは。

玉中の原点は小倉を激走したその青春時代にあった。

九州イチの工業都市っちゃね

1962年5月、哲二は玉中家の次男として北九州小倉に生まれた。父は当時鉄道会社の技術職サラリーマン、母は労災病院の看護助手として勤めていた。六歳年上の兄とも仲良く、一般的かつマットウな家庭環境であった。

玉中の地元北九州は、歴史的にも朝鮮、中国との交易で国際貿易港として栄え、また小倉は城下町としても発展。陸上交通の要、西の門戸、日本の物流拠点であった。戦後からは日本の四大工業都市として、炭鉱を基盤に鉄鋼等の重工業、窯業、化学などの素材産業を中心にまさにニッポンの高度成長をけん引する都市だった。ようするに、羽振りが良くってイケイケの時代があったのだ。

哲二誕生の翌年、北九州エリアの五市（門司、小倉、若松、八幡、戸畑）の合併によって政令指定都市、北九州市となる。九州一の百万都市だ。

〝小倉生まれで玄海育ち〜〟（戦後歌謡の大ヒット、昭和が濃厚な村田英雄の歌）それは『無法松の一生』のテーマソング。原作の小説は何度も映画になり昭和の日本人は感動し泣いた。九州男児のイメージは小倉が舞台のこれが決定打となった。意気と侠気、口も荒いが気も荒い、度胸満点な男純情…。はたして玉中哲二は。

今も昔も「えっ、俺やるの？」でリーダーになってしまう

「生まれて育った地元から出ようとは思いませんね、活動の拠点は小倉。東京は苦手。東京支社はあるけど任せてます。小倉が好きというより、ここがオレの原点だから」

爽やかな笑顔で答える玉中。レース界と実業界で戦い続け、業績を上げてきた男はフランクで優しいアニキ、という印象だ。九州男児じゃ！という押し出し感はない。哀川翔っぽいイケメン、いやむしろマッハＧｏＧｏＧｏの主人公天才レーサー〝三船剛〟に似てる。地元愛は仲間がいるからこそと語る玉中にエピソードの数々を披露してもらおう。

「中学高校はバイクでしたね。最初はオヤジのカブに勝手に乗ってた。そのあと先輩から譲ってもらったバイクで中学校通ってましたからねぇ。自分で

直したりチューンナップしたり。とにかく走るのが楽しかった」

　地方都市小倉の少年たちもバイクでつるんだ。〝盗んだバイクで走り出す〜〜〟で〝ツッパリハイスクール　ロックンロール〟で〝バリバリ伝説〟を地でいった。ついでに恰好も〝なめ猫〟なのであった。夜露死苦！

　この頃、日本社会も高度成長期からさらなる成長へと向かい、基幹産業も変化していった。花形だった重化学工業から自動車産業へ。そして学歴社会へ。好景気に沸いた小倉の街も時代には逆らえない。世間は不景気になったし、学校も面白くないし、遊び場なんて特にないし。だから走った、つるんだ、隣町のやつらとは喧嘩にもなった。

「別に僕は親分肌とかリーダー好きとかではないんです。〝族のヘッド〟みたいになっちゃったのは、いつもの仲間内で自然に、えっ、俺やるの？　みたいに決まっちゃう。〝チーム　モンロー〟なんていう…漢字でどう書いたかな、忘れちゃった（笑）」

仲間は売らん！　悪いことしとらん！

当時のバイクといえばGS400やCB400、GTサンパチ、モンキーやダックスなんてのもあった。それらをチューンナップして集団で走った。玉中の愛車はホークⅡ。チョッパー竹やりマフラー仕様ではない、あくまで走り屋チューン。その頃はコンビニなんてないので、倉庫街や橋のたもとで集会し、産業道路が聖地と化した。オマワリに出くわせば挑発して遊ぶ、というのが暴走族スタイルだった。

取り締まる側も道路交通法を改正し、スピード違反だけでなく、二台以上で並んで走行し交通妨害になる〝集団危険行為〟を暴走族対策にあてた。交通機動隊、〝交機〟の出動だ。

「毎週末、とにかくお祭り騒ぎでしたね。別に社会に不満があるとか虐《しいた》げられてるとか、そんなんじゃないんです。自分でチューンしたバイクで速く走る、マックスターンやらウイリーなんて得意でした。女の子にモテる要素でもある（笑）、と。バイク、クルマはやっぱりなんたって楽しい。仲間でワイワイやるのが楽しかったんですね。走り回ってた時、悪いことしてるなんて、全然思ってなかった」

玉中の顔が少年になる。元気でヤンチャな哲っちゃんは地元で名の売れた〝ゾク〟のアタマ。オマワリさんにしてみれば要注意人物で、ある日土曜の夜の天使たちは、一網打尽につかまった。

「集団危険行為ですからね、一斉につかまって任意取り調べです。でも僕は、口は絶対に割らなかった。いつ誰と何処を走ったなんて、絶対しゃべらなかった。仲間の名前なんて言わない。でも口割らないと逮捕なんですよ。僕だけ逮捕、なんですよ。みんなは口割ってるんですよ、今考えたら（笑）」

苦笑いの玉中。暴走族の代表は、代表取り締まられ役と相成った。

16〜18歳、若き日の玉中哲二と仲間たち

第二章

ターニングポイント

オレの人生が
狂い出し
初めて鑑別所に
送られたのは16歳
2度目は18歳
3度目は19歳の春
そして19歳の
無免許での
共同危険行為により
4度目の鑑別所から
とうとう佐世保少年院
へ送致…
まあすべて
スピードに関わる罪だが…
罪は、罪…
ザ
ザー
そんなオレでも少しづつ
自分の生き方を
考えはじめてた…
玉中哲二　20歳

ザザー
ザッ
んー…
哲ちゃんさっきから海見て何ブツブツ言ってんだよ
今夜あたり久々にぶっ飛ばしに行かないか?
スカッとするぜー♪
あのなー
オレたちもう20歳《ハタチ》だぞ…
もう、お縄《なわ》になりたかねーよ
じゃあどうすんのさ?
どうするっつたってよー
…

哲《テッ》ちゃーん
オレのハコスカもっと車高下げてくんない？
ガヴォ
隣町のセリカのヤツにバカにされてサー
ガヴォ
ガヴォ
ああ
でもあいつのほぼノーサスだぞ
でもシブさで負けてんだよねー
いや…シブいっていうかサ…
コレ以上下げたら走りも乗りごこちも無茶苦茶になるぞ

でもアイツらに負けたくねーんだよ
走りも乗りごこちもどうなってもイイから下げて欲しい!!
ん～っ
仕方ねーな…
じゃあジャッキと工具とサンダーある?
あるあるちゃんと持って来たよ!!
あーあー…
ホントに知らねーぞ…どうなっても…
キュッ
キュッ
ったく…
何でそこが勝負ドコになるかなー

ザーザーザー
よし
コレで低くなったぞ
べったり
おぉーシブいっ
シブすぎる!!
低っ
んー…
何か間違ってる気もするけど…
教訓 車高の低さは知能の低さ!?

さすが哲ちゃんは運転に限らず
メカいじるのも強いよね
まあオレは
昔からバイクとクルマは大好きだからな
今思えば哲ちゃんガキの頃からクルマのプラモばっか作ってたよねー
マッハ号とか…
懐かしいなぁー
みんな戦車や戦闘機を作ってたけどオレはクルマばっかだったナ
あん時は マッハ号でさえ「いつかは乗りてぇ」って本気で思ってたワ
えー
哲ちゃんアレはアニメだよ
バカだなロマンだよロマン！
おい哲二

久しぶりじゃないか
あ…兄貴…
元気してたか？
まあ…
お前家を飛び出して友達《ツレ》んトコ泊まり回ってみんなに迷惑かけてんだろ？
ひどい時は車中泊や軒の下で寝てたとも噂で聞いたぞ
それはただの噂だよ
うわさっ

まあ何であれ生きてりゃイイけどさ…
たまには家には顔出せよ
オヤジもおふくろも心配してたぞ
嘘だろ
何言ってんだ
ハンッ
本当は邪魔者として
オレがいねー方がスッキリしてんだろーが

あのなー
哲二…
どんな状況であれ親は親なんだよ
もう、そういうドラマみたいなセリフは聞き飽きた!!
そりゃ兄貴はイイよ
オヤジの厳しい教えに応えられてるから

オレは兄貴のようになれない
ただのポンコツなんだよ!!
でもオレは違う!!
じゃあお前はいつまで
そのポンコツのままでいるんだ?
えっ

ポンコツなら
直せばイイじゃないか
な…
なに言ってんだよ…

まあいい
そのうちわかるサ
はぁ!?
キシュルルッ
とにかく哲二
たまには家に顔出せよ
オレ仕事だから
じゃあな
ブロォォォォォ
行っちまったな
哲ちゃんの兄貴は6つも上だから大人だよな
って
オレ達もハタチだから大人っちゃ大人だな
イマイチピンとこないけど
…

さあ 今から どうする？
ハコスカで ナンパでも 行こうぜ ねぇ 哲ちゃん
あ… あぁ
小倉駅
ざわ
ざわ
ざわ
なんで 今日は全然 ツレないんだ？
いつもなら 軽くツレる のになぁ…
女も釣りと いっしょ
まあ こういう日も あるサ

じゃあ
パチンコでも
行く？
パチンコ
あら
あら…
あっさり
終わった…
えーっ
哲ちゃんも!?
おいコレ
どうなってんだよ!!
しまった
晩メシの
金ねーや
マジで!?
どうしよう…
どうしようって…
……

あ〜…
しょうがねー
オレ、実家に帰って
金もらって来る
ちょっと待ってな
哲ちゃん親父とはめちゃくちゃソリ合わねーんだろ？
哲ちゃん、実家…大丈夫かな…？
わかんねー…
母ちゃんの方はめちゃくちゃ優しい人だから
多分母ちゃんに金もらうんじゃないか？

……
兄貴あんなコト言ってたけど…
本当にオレの事少しは気にしてんのかな…
イテぇなっ!!
哲二
お前ってヤツは
オレがお前を殺してやる!!
アナタそれはやめてっ

なんだよ…
特別にデカい家でもねーのに
ものすごくデカく見えるのは…
まるで敵の城に
攻め込む気分だよ…

ガ
チャ
ただいま…
平日だから
親父はいないと
思うけど…
母ちゃん
いるかな…
親父には今でも
全く会いたくねぇけど
母ちゃんにだけは
会いたい気は
してたんだよな…

べつに
マザコンって
ワケじゃないけど…
なんか…
母ちゃんだけが
唯一オレのコト
分かってくれてる
気がするんだよな…
ガキの頃から
親父からよく
守ってもらったし
どけっ!!
一応
反抗する
オレの気持ちだけは
聞いてくれた
ような気がする…
オレだって
言い分はあるんだ!!
それは
そうだけどね
あっ

哲二…
帰ったならちゃんとただいまは言いなさい
挨拶はウチの基本でしょ
ガサ ガサ
ちゃんとただいまは言ったよ…
ボソ…
まあ大きい声では言わなかったけど

で
今日はどうしたの？
突然…
いや
その…
母ちゃん
元気かなって
思って…
って
言うか…
母ちゃん
一万円貸してくれ!!
ピタ

哲二っ
あんたにあげるお金は
一銭もないわ!!

か…
母ちゃん…
もうココは
アンタの家じゃない
出てった以上
自分の力で
生きていきなさい!!
さあ
早く!!
…

…
なんだよ
結局、母ちゃんもオレが邪魔なんじゃねーか…
もう誰も
信じれねぇー

このクソったれがぁ

ゴトッ
バカヤロー

何やってんだ…
オレ…
いい歳
こいて…
ガキじゃあるまいし…
ザー
ザー

ザー
ザー

ザー

ザー
ザー
ムクッ
このままじゃダメだな…
オレ…
グッ
この時だった…
オレが初めて本当に自分の力で一歩を踏み出した気がしたのは…

■第二章　ターニングポイント

生まれついての負けず嫌い、怒りは挑戦に変わる

仲間とつるんでバイクで走って遊んでた、だが大量にあったはずのその頃の写真は今は、ほぼ無い。
「十八の頃の写真は、家宅捜索されて証拠写真としてみんな警察に押収された。僕が鑑別所に入っている間に、親父が〝そんなもんいらん！〟で警察に破棄されたんです」

厳格で曲がったことが大嫌い、躾に厳しい父親とは昔からとにかくソリがあわなかった。父親とケンカしては家出する、戻ったらまたケンカする。暴走行為で2度目の鑑別所入り。高校も退学した。

鑑別所を出所してから、親父から離れたくて大阪で調理師学校にも入ったが、学校に馴染めず二か月も経たず、またもや暴走行為や事件を起こし大阪で逮捕。小倉に強制送還後3度目の鑑別所。

「まぁ目標も無しに行った学校でしたから夜な夜なバイクで走り廻ってました」

懲りない19歳、またしても翌年に暴走行為で逮捕。かくして4度目の鑑別所から長崎県の佐世保少年院に送られることになったのだった。

しかし玉中少年には仲間がいた。佐世保少年院出所後、ケンカや事件は変わらず日常茶飯事。ある日「友達が監禁されボコボコにされて、金持ってこいって脅されたんです。みんなで助けに行った。バットや木刀持ってね、もう映画みたいですよ、ホントに」

仁義なき戦いにも、率先参加である。仲間が大事だから。

「出所後は、どんどん地に落ちていきました。友達のところを転々として、泊まるところが無いときは勝手に他人の家の軒下や、クルマの鍵をこじ開けて無断で寝たりして。お金が無くなると港で人夫のバイトして食い繋いでいた」

　で、いよいよピンチの時に母親に会いに行ったのだ。

「あれはコタエましたねぇ。〝あんたにやる金は一銭も無い！〟って。優しい母親なんです。親父が包丁持って〝おまえを殺してやる！〟と向かってきたときも、間に入って必死に止めてくれて、その包丁が母ちゃんの足に刺さって床が一面血だらけになった。いつもかばってくれた…。その母親に拒絶されたから、そん時はアタマきましたね。もうこんな家には帰らない！飛び出してアタマきて家の風呂場のガラスに向かって思いっきりでかい石を投げ込んだ」

　くっそー！　と思った。持て余すほどのエネルギーはあちこちで爆発した。十代の玉中哲二、その青春は修羅の日々だった。

そんな哲二を家族はどんな思いで見守ったのだろうか。六歳年上の兄、玉中秀基氏が当時を語る。

哲二の気性はわかっていたが…

玉中秀基（兄 会社役員）

弟がヤンチャをしていた頃、私は関西の大学へ行ってました。何も知らずに帰省したら、弟が鑑別所や少年院に収監されていると聞かされた。ショックでした。家出したまま帰ってこない、暴走族のリーダーをやっている等、両親は心配をかけまいと知らせてこなかったんです。

ただ弟の気持ちもわかる。父は厳しくて、竹を割ったような性格で、私自身も反抗したりうっぷん晴らしした時期もありましたから。親元を離れたくて関西に出た、というのもあります。サラリーマンの給料から大学に行かせてもらってる、という感謝もありました。私は長男特有のおっとりした性格、弟は違います。

哲二は子供の頃から特に、縛られることが大嫌い。思い通りにいかないと怒って一日中泣きわめくような子でした。いくらなだめても座り込んで動かない。

帰省した夏、両親と三人で佐世保市にある少年院に面会に行ったことがあります。帰りの車の中で母親がずっと泣いていたのをおぼえています。今は亡き親父からは、「あいつを殺して俺も死のうと何度か思った」と聞かされたこともありました。それほど当時は弟のことで、家庭の中は追い詰められ、崩壊していたと思います。

哲二のことを母はその頃どんなふうに見ていたか、先日聞いてみました。

「哲二は人を惹きつける明るさがある子。内に熱いものを持っている。

ただその激しさ難しさを私が理解できないことも多く、親として自信を無くし反省しました。とても恥ずかしいことです。お世話になりご指導してくださる方々に感謝の気持ちでいっぱいでした」
弟は、親の敷くレールに乗るのではない自分の世界、自分の存在感を中心に、人に共感される喜び、実感できる世界が楽しくて仕方なかったのだと思います。

玉中家の父、母そして兄。それぞれが戸惑いながらも哲二を想っていた。

ならば人生大転換、稼ぎモードにシフトチェンジだ！

「昔の〝積み木崩し〟みたいだよね…。青春の真っただ中に、取り調べや家裁、留置所、鑑別所、少年院では喧嘩して独房もあったな。十代で〝院卒〟だからさ（笑）」

元々仕事には精を出すほうではあった。土木、水道工事、設備屋、工務店などガテン系の仕事は得意だった。バイクやクルマは自力で買った。だが金は遊ぶためで、あればいい、くらいのものだった。

「人生の転機は、母ちゃんから心を鬼にして〝お前にやるお金は一銭も無い。出て行け〟って言われた事。あれだけ優しかった母ちゃんから言われたのはショックでした。

あの口惜しさがあったから今の俺があると思う。そこで僕自身が変わりました、180度変わった。絶対金持ちになってやるってね。今では母ちゃんに大感謝ですよ」

まずは設備屋の開業。電話一本で水のトラブル駆け付けます。今ではよくあるが当時は斬新。しかし社長兼従業員だったので採算効率が悪い。で、知り合いに勧められての各種物販業。家庭用品、インテリア装飾品、いろんなものを売りまくった。才能、あるかもしれない。ビジネスに目覚めたのだった。

「どんなものが売れるのか、何が当たるのか、流行に敏感なんです（笑）」

ビリヤード場も作った。レンタルビデオ屋も開いた。お好み焼き屋もうまくいった。お金、稼ぎまくり。バブルに向かって上り調子だった。

時代はバブル突入で、玉中全開で駆け上がる

ビジネスが上手くいく、商売繁盛で儲かっている。玉中哲二絶好調である。もちろんクルマ好きはやめられない。取り消された免許は一発で取り戻し、ジャパン（スカイライン）なんかを3ℓにし、ターボも付けて全部自分で組み替える。メカ好きもやめられない。

「バブルなりかけの時でしたからねぇ。22歳の時ベンツのオープンでしたもん。高級マンションに住んで、夜はクラブでイケイケでした。年収2千万はあったかな、30年以上も前の話で。女の子にもモテました。ナンパなんてしませんよ、街に出ればもう列をなして女の子が来ちゃう（笑）」

絶好調なのであった。

だが、気楽にラッキーに商売がうまくいったわけではない。まさにガムシャラに働いたのだ。地元の仲間との付き合いも大事にした。しかし玉中が絶対にいかなかった道は、極道。当時の小倉も有名どころの非合法組織が暗躍していた。

「そっち方面からのリクルートは盛んでしたね。友達でそっちに就職したやつもいる。僕は嫌でした。断りました。ずいぶん嫌がらせも受けましたけど。僕は一匹狼タイプではない。けれど人に使われるのが、一番嫌いなんです」

子供の頃から変わらない、命令されて縛られて使われる、それは絶対にすかん！　嫌だ。だから自分が思うように働けて稼げる仕事が好きだった。商売敵がいればさらに燃えて勝負に勝つ。その自信はあった。

「ニンジンが大きければ大きいほどやる気マンマンになるじゃないですか。稼がなきゃならないってことは、人の倍以上働かなきゃいけない。そう思ってました」

商売大繁盛の裏に、勤勉努力の玉中がいた。

第三章

夢へ、フラットアウト

あの夜を境に
オレは自分の力で食っていくために
あらゆる職に手を出した…
設備屋
レンタルビデオ屋
ビリヤード
お好み焼き
すべて開業しなんとか生きていくことはできるようにはなったが…
ん～…
お好み焼き
玉中哲二 26歳

どうしたんだよ 哲ちゃん
お好み焼き 美味いぜ♪
んー…
何か違うんだよなー
えっ
お好み焼きってソース以外にあったっけ？
そうじゃねーよ
オレが言ってんのは 仕事として 何かしっくり こないんだよ
えっ
哲ちゃん また何か 店開ける 気なの？
んん…
かと言って 何をしたら イイのやら…
いや…
もうイイんじゃない… こんなに店 拡げたら…
哲ちゃーん!!

明日オレ カートの タイムトライアルに 出るんだけど
一人選手が 足りなくなったから 哲ちゃん出ない？
タイム トライアル…
だからって ワザワザ そのカッコで 来るの
なくねー？
そこは マンガだ
やって みっか
オレ運転には 自信あるからな!!

そして翌日——
パァァァ
おっと
玉中速いぞ!!
レーシング
カートに乗るの
初めてなのに…
ァァ
100台以上の中
いきなり
トップタイムを
叩き出した～!!

オレ…
今までロクなコトしてこなかったけど
哲っちゃんスゲーよ
バイクとクルマだけは誰にも負けてねーんだよナ
やっぱオレ
プロレーサーになれんじゃねーの!?

即実行こそが
玉中である
レーサーになるには
クルマに関わるのが
一番だろうと
自動車販売業で
見習いからスタートし
あらゆる知識を
吸収し
1989年
わずか一年で独立し
300万円のローンを背負い
自動車販売会社
『ビーワン』を設立
B1

ディーラーからの下取りの車を格安で買い
じゃあ○×円でイイよ
あざーす!!
それを自分で整備し
カチャ
カチャ
それを売る
ありがとうございました～
ブロロロ。。。
よーし
もっともっと
売りまくって
のし上がってってって
やるぞ!!

■第三章　夢へ、フラットアウト

好きなもんからは離れられない。そうだ、自動車屋になろう！

玉中哲二26歳。いよいよ自動車販売業に進出する。この5年間、設備工事屋から物品販売業、ビリヤード場、レンタルビデオ店、お好み焼き屋などの店舗と、流行りそうな商売にトライし続けた。〝商売〟というものを身をもって学んだ。金儲けの面白さも厳しさも知った。だが、軽いノリで出場したカートのタイムトライアル。いきなりトップタイムをたたき出した。

「やっぱ俺、才能あるかも」

マシンを操りスピードに勝負を賭ける楽しさを思い出してしまったのだ。

「サーキットを走る気持ちよさ、思い切り走っても捕まらないしね（笑）。やっぱりクルマが好きで離れられない。

よし、レースをやろうと思って、それなら自動車屋がいいや、と。商売とクルマがリンクするものっていったら、自動車屋しかないでしょ。両立しやすいし。お好み焼き屋じゃレースからは遠いからね」

ひらめき即実行！　である。しかし繁盛している商売をなげうっての方向転換。周囲はやはり驚く。

「特に家族はね。仕事で成果をあげて、親父からも認められてた矢先に、クルマ屋始めるって言ったら〝お前はバイク、クルマに触っちゃいかん！〟って（笑）」

バイクとクルマが問題の発端だったから親は大反対。ゾク時代のトラウマである。立派に更生どころか、今や事業も成功している息子を思う親心。もちろん走り出した哲二を止めることはだれにもできない。

「実は…お好み焼き屋やってるときに、ある日バイトの子が急に休んだことがあったんですよ。急遽店に出たら大学生のお客さんから〝兄ちゃん水！〟って言われて、えっ、俺？　俺に水持ってこいって言ってんの？　なんか腹立ちましたね。お客は悪くないけど…（笑）」

目指すはレーサー、寝ているヒマはない

１９８６年〜'91年にかけて日本経済は大バブル期にあった。第三次産業、つまりサービス業や情報産業が時代の花形となり、人々は消費生活を謳歌。玉中のビジネスも外食やレジャー等の日常プチ贅沢消費志向にマッチしたものだった。

稼ぐぞ、と決意した時から玉中はサクセスを直観と実践でモノにしてきた。

「様々な仕事をしてきましたが、常に何がウケるか、と自然に考えてましたね。当時は無かった大型ショッピングモールなんて、つくったら絶対ウケるだろうと思ってましたもん」

そもそも地元小倉には、全国初、発祥の地とされるものが多くある。ショ

ッピングモールの原型は、小倉北区のアーケード街『魚町銀天街』、大阪のダイエーより先にあったスーパーマーケット『丸和』、競輪だってバナナのたたき売りだって、小倉が発祥の地とされる。忘れちゃいけない、『パンチパーマ』も小倉発なのだ。小倉・北九州人気質は〝新しもん好きで負けん気が強い〟のがその特徴。玉中のチャレンジ精神も地元愛に培われてきたものなのかもしれない。

当時のクルマはバブル期らしい華やかさ。シーマやスープラ、セルシオ、ソアラにNSXと高級国産車も多数出現した。見た目のカッコイイ〝マイカー〟は若者の憧れで、スポーツタイプのクルマにボディコンの女の子を乗せて、マイ・カセットにお気に入りのヒット曲を入れてドライブデート。聖子ちゃんやマッチや明菜やチェッカーズなんかをガンガンかけていた時代。

「元々、クルマの整備はわかっていたし、客のニーズもつかめる自信があったから」

店の開業資金300万円を調達して1989年玉中哲二27歳、わずか7台の中古車を仕入れ、修理し、店頭に並べた。やる気マンマンスイッチがまたもやオン。自動車販売会社『ビーワン』がスタートした。

「自動車ディーラーの下取り車やらオークションやら、これ、と思った中古車を仕入れ、納得いくまで修理するので寝てる暇もないくらいでしたね。人の倍以上働く。人が一時間でやることを15分でやろう。効率良くやろう、と。ダラダラしてるのが昔から大っ嫌いでしたから」

街道沿いの店舗に整備工場を併設した。客から整備工場がよく見えるようにだ。中古車販売は修理、整備の信頼を得ることが第一と考えたのだ。

「一日二十時間は働きましたね」

店舗も拡大していく。資金も潤沢にたまり、従業員も増えていく。機は熟した、レース参戦！

プライベーターとしてレーサー玉中、遂にデビューの時が来た。

哲ちゃん 本当にレースなんかやるの!?
B1
ああやるぜ!
でも…
レースってめっちゃ金かかるらしいよ…
ワイワイ
え…
チラ
なにコレ!?
もっこり
オレが本気で働けば
一年でザッとこんなもんよ♪

たしかにテッちゃん毎晩遅くまで仕事はしてたけど…
パッパッ
レースで金が必要ならその分仕事すりゃイイんだよ!!
よーし
コレで勝負だ
時は満ちたか!!
キラリッ
こうして玉中は全て自分でレースに出るための用意を揃え
1990年遂にプロレーサーとしての第一歩を踏み出す…

おっと
トップはゼッケン㉑の
玉中!!
フォーミュラ
ジュニアは
玉中哲二が
初優勝だぁ～
しゃっ

すげー
哲ちゃん速ぇーよ!!
哲ちゃんのドライビングは本物だったんだね
あったりめーだろ!!
まかしとけ
オレは勝ちまくってやるから♪
見てろよ
もっともっと上に登り詰めてやるさ
F1鈴木亜久里
日本人初の表彰台に立った!!
やっぱオレも行くべきトコは
F1か〜♪

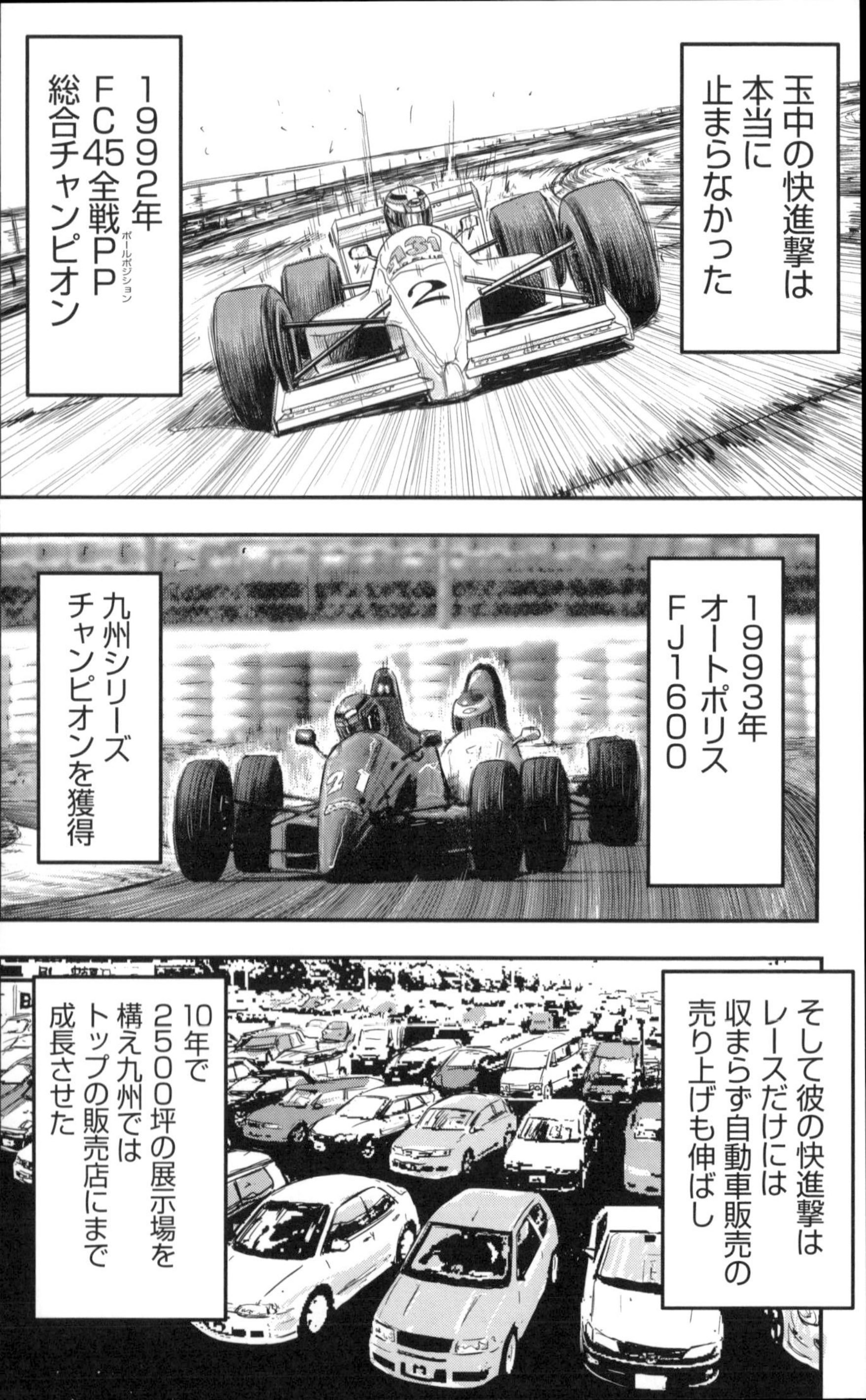
玉中の快進撃は本当に止まらなかった
1992年 FC45全戦PP《ポールポジション》 総合チャンピオン
1993年 オートポリス FJ1600
九州シリーズチャンピオンを獲得
そして彼の快進撃はレースだけには収まらず自動車販売の売り上げも伸ばし
10年で2500坪の展示場を構え九州ではトップの販売店にまで成長させた

1991年	FJ1600 九州シリーズ参戦
	FJ1600 西日本シリーズ参戦
	全日本ツーリングカー選手権 IN AUTOPOLIS サポートレースでFJ1600初優勝
1992年	オートポリスFC45シリーズ参戦 全戦ポールポジション獲得 シリーズチャンピオン獲得
	FJ1600 九州シリーズ参戦
	FJ1600 西日本シリーズ参戦
	フォーミュラトヨタ 西日本シリーズ参戦
1993年	FJ1600 九州シリーズ参戦
	シリーズチャンピオン獲得
	フォーミュラトヨタ 西日本シリーズ参戦
1994年	フォーミュラトヨタ 西日本シリーズ　シリーズ4位
1995年	フォーミュラトヨタ 西日本シリーズ　シリーズ3位

彼が幼い頃
夢に描いた
あのマッハ号を
レース車両として
スーパーGTで
走らせるチャンスが
到来したのである!!
ADVAN
だがしかし…
ゴゴゴ
ゴゴゴ
その喜びとは裏腹に
大きな黒い雲が
彼を包もうとしていたことは
まだ知る由もない…
三船モータース
ADVAN
5

連戦連勝！　待ってろよF1!!

ついにレーサーデビューした玉中は27歳。プロのレーシングドライバーのスタートとしては遅めである。だが彼は自力での参戦。自動車販売店『ビーワン』を軌道に乗せつつのレーサー稼業だ。商売とレースの両立は活動のポリシー。九州唯一の国際規格サーキット、大分県日田市の『オートポリス』をホームグラウンドとしてシリーズ参戦を続けた。

国内は空前のF1ブーム。マクラーレンのアイルトン・セナはアイドルなみの人気だった。中嶋悟選手の活躍も注目されていた。全日本F3000チャンピオンからF1デビューを決めた鈴木亜久里選手は、'90年日本GPで三位入賞を果たす。世界最速最高峰のF1レースで表彰台に上がる亜久里選手の姿に、玉中またもや燃えた。

「目指すのはこれだ！　Ｆ１に出るぞ、と思いましたね、カッコイイからね。亜久里さんが三位なら俺は一位だ！　って、わかってませんでしたからね、田舎者ですから（笑）」

ちょっとテレて当時を語る玉中だが、その時はかなり本気だった。地元オートポリスのシリーズ戦では'92年にＦＣ45、'93年にはＦＪ１６００とシリーズチャンピオンを獲った。チャンピオンはＦ１への一里塚である。

しかし丁度その頃、日本バブル経済は破綻。景気は後退してゆく。Ｆ１ＧＰの開催を予定していたオートポリスは倒産し、Ｆ１開催もキャンセルに。サーキットの存続も危ぶまれる事態となった。

だが玉中のレースへの熱い思いは揺るがなかった。'94、'95年はフォーミュラ・トヨタ西日本シリーズに参戦。シリーズ総合四位、三位と戦果を挙げていった。

景気後退のなかで、国内モータースポーツも再編を余儀なくされた。長距離耐久スポーツカー選手権のグループＣは市販車ベースの全日本ＧＴ選手権へとシフトしていく。そしてトップフォーミュラのF3000も、開発競争でコスト上昇を招き結果的には全日本F3000選手権も廃止とされた。それに代わり同様の車格とレギュレーションではあるが、レーシングビジネスとしての確立と参加者への門戸開放のため〝フォーミュラ・ニッポン〟と名を変えプロモートの強化を図った。'96年、玉中選手はその新装フォーミュラ・ニッポンへとステップアップしていく。

甘くはないトップフォーミュラ。両立への道筋を掴め！

フォーミュラ・ニッポンに乗る、といってもパワーアップのマシンを操ることより、問題はコストの大幅アップだ。マシン費用もチームの運営費も大幅に増える。玉中はあくまで自力参戦。プライベートチームの運営には強力なサポートが必要になった。

そんな時、以前から玉中のレーサーとしての活躍と商売の実力を見続けていた男がいた。髙城寿雄氏。地元小倉で金型の製造業を創業し、散水用品開発と浄水器事業で躍進している企業のトップだ。玉中にとってはビジネスの師匠のような存在である。その会社がスポンサーに名乗り出てくれた。世の中が不景気になり、レースからもスポンサー撤退が相次ぐ中、髙城氏は何故玉中のモータースポーツ活動を支援したのだろうか。現在は会長職にある髙城氏は一問一答に応えてくれた。

社員もピットクルーに彼の熱意を支援する

髙城寿雄
(株)タカギ 代表取締役会長

――何故玉中のチームをサポートしてきたのでしょうか?

玉中社長の熱意です。ピットで聞くエンジン音も最高でした。

当時はわが社の社員もピットクルーとして参戦させていました。実際にタイヤ交換などして、時間の重要性を体現させたかった。レースを通して100分の1秒の大切さを社員たちに実感させたかった。

――玉中哲二のどんなところが印象に残っていますか？

自ら率先して全力投球で頑張ってましたね。趣味と実益を両立させることで会社を大きくしていくと言っていたことが一番印象に残っている。

――若かりし頃の玉中もご存じだった？

とにかくヤンチャで行動力があり、夢多き青年だったと思う。

小倉の起業家としての大先輩は玉中に可能性を見出していた。

フォーミュラ・ニッポン参戦！　マシンはローラT95から始まり無限エンジン搭載のレイナード99Lにいたる5年もの間、玉中は、（株）タカギのサポートを受け『TAKAGI B-1 RACING TEAM』のドライバーとしてサーキットを疾走した。

2001年に至るまで、フォーミュラ・ニッポンに参戦を続けた。だが全日本F3選手権にも出場実績がなかった玉中は、九州での活躍があったにせよ全国区のフォーミュラ戦では無名のチャレンジャーだ。苦戦した。選手としての苦労は想像に難くない。しかもビジネスでも走り続けている。だが弱音は吐かない。苦しい時ほど燃える玉中、自動車販売会社『ビーワン』は設立10年目にして展示場2千5百坪、九州でトップの販売台数を誇る店となった。

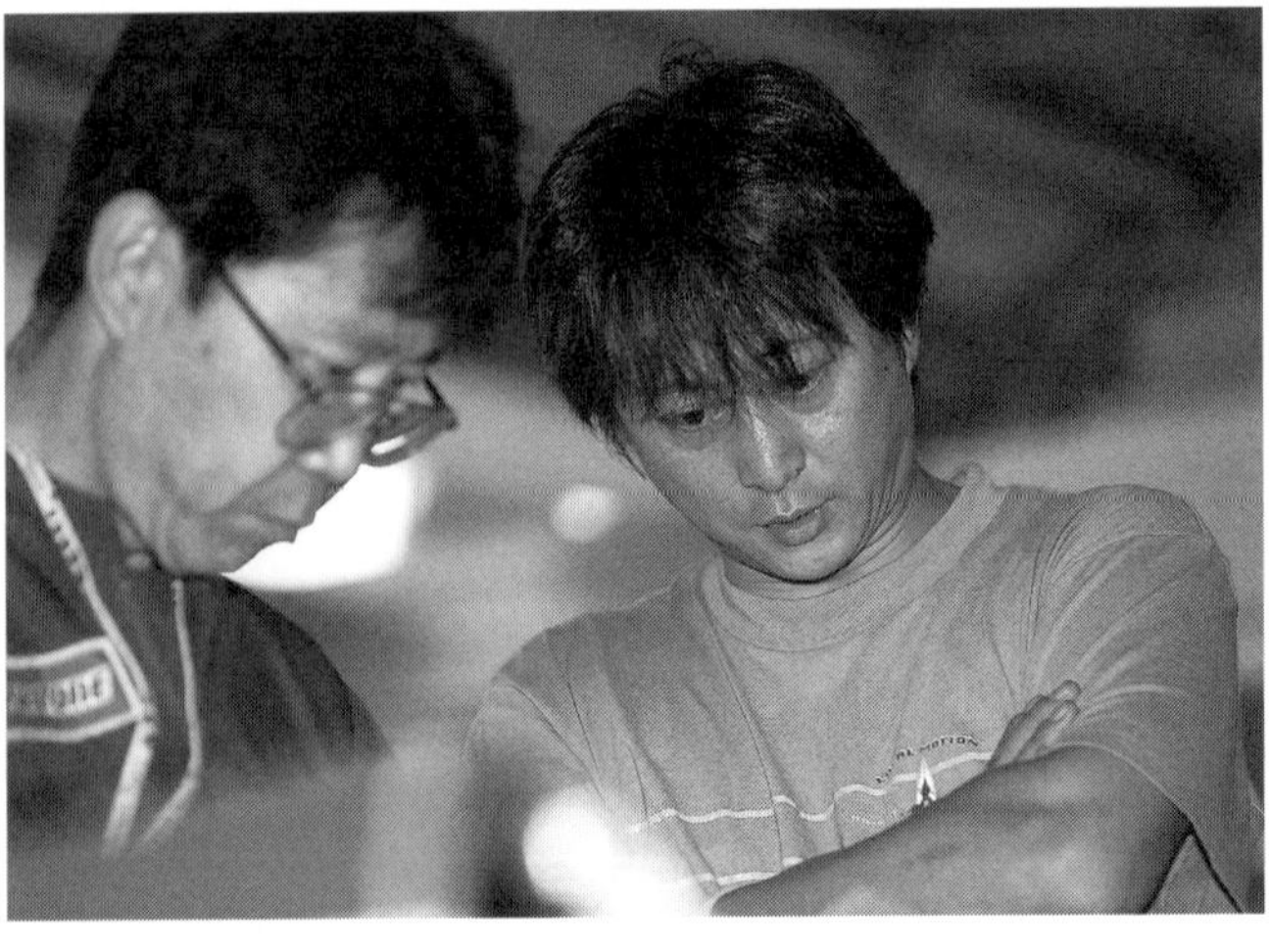

自動車販売業とレーシングドライバー、共に一から始めて12年の歳月をかけた。販売業もレース参戦も両立するにはあまりにハードな日々を闘った。だが玉中はようやくここで自分のやり方、そのスタイルの方向性を見つけた。ガキのころからのモヤモヤを、そのエネルギーを燃焼させる生き方。これでいく！　だが満足はしていない。玉中哲二、40歳を迎える。

そして次のステップがやってきた。『マッハGoGoGo』との出会いが待っていた。

2002年
タツノコプロ40周年記念
として〝マッハ号を
本物のレースで走らせる〟
という企画から
今までのレース実績を
買われた玉中はそのチーム
A&Sのドライバーとして
白羽の矢を立てられたのである
そして、夢であった
マッハ号の
ステアリングを握り
日本では最も華と言われる
全日本GT選手権に参戦し
非力なマシンではあったが
悪戦苦闘の中、充実した
レースを繰り返していた…
SUZUKA CI
そして
最終戦が近づいた
ある日のコト…
STAR
それ
マジすか!?

来年はこのマッハプロジェクトを
もっと盛り上げようと思ってね!!
それで
来年は2台体制に…
やはりヒーローのマッハ号があるならば
ライバルになるレーサーXがあった方がイイと思わないかい？
それはそうですけど…
そこでだ
玉中クン

現在マッハ号であるA&Sのモスラは
全て塗り直し《リペイント》レーサーXとして新たに出場させるんだがそこでメインであるマッハ号を…
玉中クンのビーワンで
マッハ号を走らせてくれないか？
それって…
そう
玉中クン貴方《アナタ》がオーナー兼ドライバーとして新チームを設立するんですよ
しかし…
ザッと計算しても1億4000万円はかかると思うんだけど…

大丈夫ですよ!!
そのうちの6000万円は広告代理店《ウチ》が集められる見通しが立っているんですから
オレの持ち出しは8000万ってトコか…
まあ3000万はどうにか集められるとして…
よーしやりますよ!!
オレのマッハ号を!!

えっ!?
哲ちゃん今度GTのレースチームをやんの!?
んーまあな
大丈夫？
GTのチームやるなんて今まで以上に金がかかるでしょ!?
哲ちゃんいくらなんでもそれは無茶しすぎだよ～
大丈夫大丈夫
本来なら1億4000万かかるトコロなんだけど
スポンサー費を引けば
ビーワン《ウチ》は5000万円出せば済むんだからサ
なんだかすごく安くなってる感じはするけど
めちゃめちゃ高いっしょ!?
あ～頭がおかしくなりそ～

で
マシンはもう
買ったんだけどね
速っ!!
サラッ
VEMAC
320Rって
いうんだぁ
うぉーっ
外車っつーか
めちゃくちゃ
レーシングカーじゃん
おぉ～
速そうじゃん…
速くなきゃ
意味ない
しょ
しかし
哲ちゃん
こんなに金
転がしちゃって
本当に大丈夫!?
大丈夫
大丈夫
大手広告代理店が
ついているからね!
そうして
夢は大きく
広がったのだが…

ウソでしょ⁉
見込み違いでスポンサー費…
全額は入らないって…
ガクッ
どうすりゃイイんだよ……
オレ…
この日
スポンサーの見込み違いによって
残りの1億2000万円を
背負うコトになり一気に
天国から地獄に
落とされたのである――

1991
FJ1600

MANATEE MK8（No.21）

玉中哲二
歴代レーシングカー
1991～2018

FC-45
1991

オートポリス一期生として腕を磨いた ジュニアカテゴリー時代

九州の大分と熊本の県境に近い阿蘇の山奥に、F1開催も視野に入れた当時の超近代サーキットが作られたのが1991年。それがオートポリス（一時期は大分阿蘇レーシングパークと名称変更）であり、玉中はその1期生とも言える時代にここで腕を磨いた。

まずはフォーミュラカーの登竜門であるFJ1600のオートポリス戦（九州地方選手権）や、オートポリス独自規格のハイパフォーマンスレーサーFC-45、そして時に山口県へ遠征してのフォーミュラ・トヨタ西日本シリーズあたりが、若き日の玉中選手の主戦場であった。

ジュニアカテゴリーから一気にステップアップ
国内トップのフォーミュラ・ニッポンへ

全日本F3000選手権から、全日本選手権フォーミュラ・ニッポン（現スーパーフォーミュラ）へとカテゴリー区分が変更された1996年。この国内トップフォーミュラ新シリーズ初年度に、玉中選手は異彩を放つルーキーとしてデビューした。西日本の有力ドライバーとは言え、F3などの標準的なステップを飛ばして、いきなり国内最高峰レースへの挑戦だ。

ここでは星野一義、高木虎之助、本山哲といった名だたる名選手たちと競い合い、さらに腕を磨いて、トップレーサーとしての地位を固めていく。

LOLA T96/51 無限MF308

Formula NIPPON
1996～2001

REYNARD 99L 無限MF308

FERRARI 458 ITALIA

VEMAC 320R

NISSAN GT-R GT3 NISMO

SUPER GT
2004～

TOYOTA 86 GTA V8

40代の節目にフォーミュラからスーパーGTへ GT300クラスに挑戦すること17年目！

フォーミュラからスーパーGT（当初は全日本GT選手権）へとカテゴリー変更したのは玉中選手が40代を迎えた頃。以来、GT300クラスでモスラ、ヴィーマック、フェラーリ458、ニッサンGT-R GT3、トヨタ86など様々なGTカーを乗り継いできた。その挑戦の歴史は2018年で17年目となり、参戦レース数ではGTの歴史の中でもトップクラスだ。

現在はドライバー登録はしているものの、若手育成を軸にチーム運営を行っている。2018年現在のトヨタ86は、GTAの共通マザーシャシーを使用した純レーシングカーだ。

玉中哲二　主な戦績

1991年	FJ1600オートポリスシリーズ参戦（マナティMK8）
	FC-45参戦
1992年	FJ1600オートポリスシリーズ参戦（マナティMK8）
	FC-45シリーズチャンピオン
	フォーミュラ・トヨタ西日本シリーズ参戦
1993年	FJ1600オートポリスシリーズチャンピオン（マナティMK9）
	フォーミュラ・トヨタ西日本シリーズ参戦
1994年	フォーミュラ・トヨタ西日本シリーズ4位
1995年	フォーミュラ・トヨタ西日本シリーズ3位
1996年	フォーミュラ・ニッポン参戦（ASAHI KIKO SPORT／ローラT93コスワース）
1997年	フォーミュラ・ニッポン参戦（タカギB-1 RACING TEAM／ローラT95無限）
1998年	フォーミュラ・ニッポン参戦（タカギB-1 RACING TEAM／ローラT96無限）
1999年	フォーミュラ・ニッポン参戦（TAKAGI B-1 RACING／ローラB99&レイナード99L無限）
2000年	フォーミュラ・ニッポン参戦（TAKAGI B-1 RACING／レイナード99L無限）
2001年	フォーミュラ・ニッポン参戦（TAKAGI B-1 CAR倶楽部／レイナード2KL&99L無限）
2002年	全日本GT選手権シリーズ22位 （玉中+桧井保孝　BANPRESTO CAR倶楽部 マッハ号MT／MOSLER MT900R）
2003年	全日本GT選手権シリーズ12位 （玉中+桧井保孝　BANPRESTO B-1 マッハ号GT 320R／VEMAC RD320R ホンダC32B）
	Pokka 1000km Super Taikyu CLASS 優勝 （玉中+中嶋修　Team LeyJun／日産GT-R）
2004年	全日本GT選手権シリーズ10位 （玉中+桧井保孝　プロジェクトμ B-1 マッハ号GT 320R／VEMAC RD320R ホンダC32B）
2005年	SUPER GT GT300クラス　シリーズ参戦 （玉中+筒井克彦　プロμ MACH5 B-1 320R TEAM KYUSHU／VEMAC 320R ホンダC32B）
2006年	SUPER GT・GT300クラス　シリーズ26位 （玉中+筒井克彦　プロμ マッハGoGoGo車検 320R 九州／VEMAC 320R ホンダC32B）
2007年	SUPER GT・GT300クラス　シリーズ16位 （玉中+竹内浩典　クムホ プロμ マッハ号 320R／VEMAC 320R ホンダC32B）
2008年	SUPER GT・GT300クラス　シリーズ28位 （玉中+山野直也　プロμ マッハ号 320R／VEMAC 320R ホンダC32B）
2009年	SUPER GT・GT300クラス　シリーズ18位 （玉中+赤鮫オヤジ　マッハGoGoGo車検320Rマッハ号／VEMAC 320R ポルシェM96/77）
2010年	SUPER GT・GT300クラス　シリーズ12位 （玉中+黒澤治樹　マッハGoGoGo車検408R／VEMAC 408R ポルシェM96/77）
2011年	SUPER GT・GT300クラス　シリーズ18位 （玉中+黒澤治樹　マッハGoGoGo車検320Rマッハ号／VEMAC 320R ポルシェM96/77）
2012年	SUPER GT・GT300クラス　シリーズ参戦 （玉中+植田正幸　マッハGoGoGo車検Ferrari458 #5／フェラーリ 458イタリア）
	SUPER耐久　オートポリス戦　総合優勝 （玉中+山野直也　フェラーリ458 GT3）
2013年	SUPER GT・GT300クラス　シリーズ28位 （玉中+山下潤一郎+尾本直史　マッハGoGoGo車検Ferrari458→マッハGoGoGo車検GT-R）
	SUPER耐久　オートポリス戦　総合優勝 （玉中+山野直也　ニッサンGT-R GT3）
2014年	SUPER GT・GT300クラス　シリーズ参戦 （玉中+山下潤一郎+尾本直史　マッハ車検withトランスフォーマー30th／日産GT-R）
2015年	SUPER GT・GT300クラス　シリーズ参戦 （玉中+密山祥吾　マッハ車検withいらこん86c-west／トヨタ 86 GTA V8）
2016年	SUPER GT・GT300クラス　シリーズ参戦 （玉中+山下潤一郎+影山正美　マッハ車検MC86／トヨタ 86 GTA V8）
2017年	SUPER GT・GT300クラス　シリーズ参戦 （玉中+坂口夏月+藤波清斗　マッハ車検MC86 GTNET／トヨタ 86 GTA V8）
2018年	SUPER GT・GT300クラス　シリーズ参戦 （玉中+坂口夏月+平木湧也　マッハ車検MC86 Y's distraction／トヨタ 86 GTA V8）

第四章

直観の起死回生

2003年3月——
全日本GT選手権 第1戦 T-サーキット
そのスターティンググリッドの中に…
玉中とマッハ号の姿はあった!!
Your Voice

レースのシーズンが始まる目前に起きたスポンサー費の大幅減額事件で玉中は自分で1億2000万円を負担しなければならなくなってしまった…

普通、このケタの数字を見れば誰もがレースの継続は不可能だと思えただろう……

だが彼はその逆境さえも前向きに捉え勝負に挑んだのである…

ホント哲ちゃん やるコト無茶苦茶だよな！

哲ちゃんの無謀なトコは今日始まったワケじゃないけど
もう完全にやってるコトの次元が違いすぎるよ…

そりゃ そうだよ
あれだけのレース資金 取り戻してやるって 言ってたけど
さすがのオレも 心配だよ…
あ〜
哲ちゃん 「勝算がある」 だなんて言って たけど
今度の失敗は パチンコで スルのとは ワケが違うのに…
すまない…
玉中クン…
会議室
レース開催直前に こんなコトに なってしまって…

……
まあ
今さらバタバタしたってもうしょうがないっスよ
もうマシンも買っちまったコトだし…
スタッフもいるんで…
その金はボクがどうにかするんで
レースはこのまま続けましょう
やっぱボクもマッハ号に乗りたいし
マッハ号のファンのために走らせなきゃダメですよ

ありがとう
大きな協力はできませんが
この『マッハGoGoGo』のキャラクターを使って少しでも玉中さんのビジネスのプラスに使うことはできませんか?
あのー
40th

その言葉を聞いた瞬間
玉中の脳裏には
自分が近々やろうと
企んでいた
立会車検と
この『マッハGoGoGo』の
キャラクターを合わせることで
車検ビジネスの成功への
可能性を強く感じたのである
わかりました
ならば
この『マッハGoGoGo』を
ボクが借りて
レースもビジネスも
成功して
みせますよ!!
玉中クンなら
絶対できるよ!
玉中サンなら
今以上に強い
チームになると
思います!!
よーしコレで
今年のレース
勝って行くぞ!!
その時、玉中の
頭の中では
あらゆる計算が
はじまり

たしかにマッハGoGoGoのネーミングならばアピールするには効果大だ…
だが…それだけじゃ足りない…
もっともっとお客様が喜ぶ何かを……
とはいえ何をやればイイんだ…
玉中は何かヒントがないかと車業界関係者に片っ端から立会車検の会社を聞き回っていると
えっ
マジすか⁉
広島に最先端の立会車検をしている会社を知り
さっそく現地へ飛びその相談を持ちかけた
B-1

それをキッカケに
いろいろ立会車検を
学ぶために
車検
B-1
レースと自営の
合間を縫って何度も
広島へ飛んだ…
しかし…
ペシッ
ん〜…
コレだけじゃ
まだ何かが
足りない気が
するんだよな…

たしかに『マッハＧｏＧｏＧｏ』で
その知名度とキャラクターによる客の入りやすい店舗を作るコトはできる
だけどそれだけじゃダメだ…
やはり〝店〟なんだから車検といえど一回きりではなく何度も来たくなるような店にしなきゃ…
SHOP
また
しかもそれをフランチャイズ化していくとしたら…
……
やっぱ
車検にもシステム化が必要だよな…

玉中サン
そのシステムなんですが
広島のシステム会社でタッチパネルを使ってさまざまなサービスの提供ができるらしいですよ
えっ
それホントですか？
さっそく行ってきます!!
ブロロロロ
ちょっと玉中サン
まだその会社の場所教えてないよー!

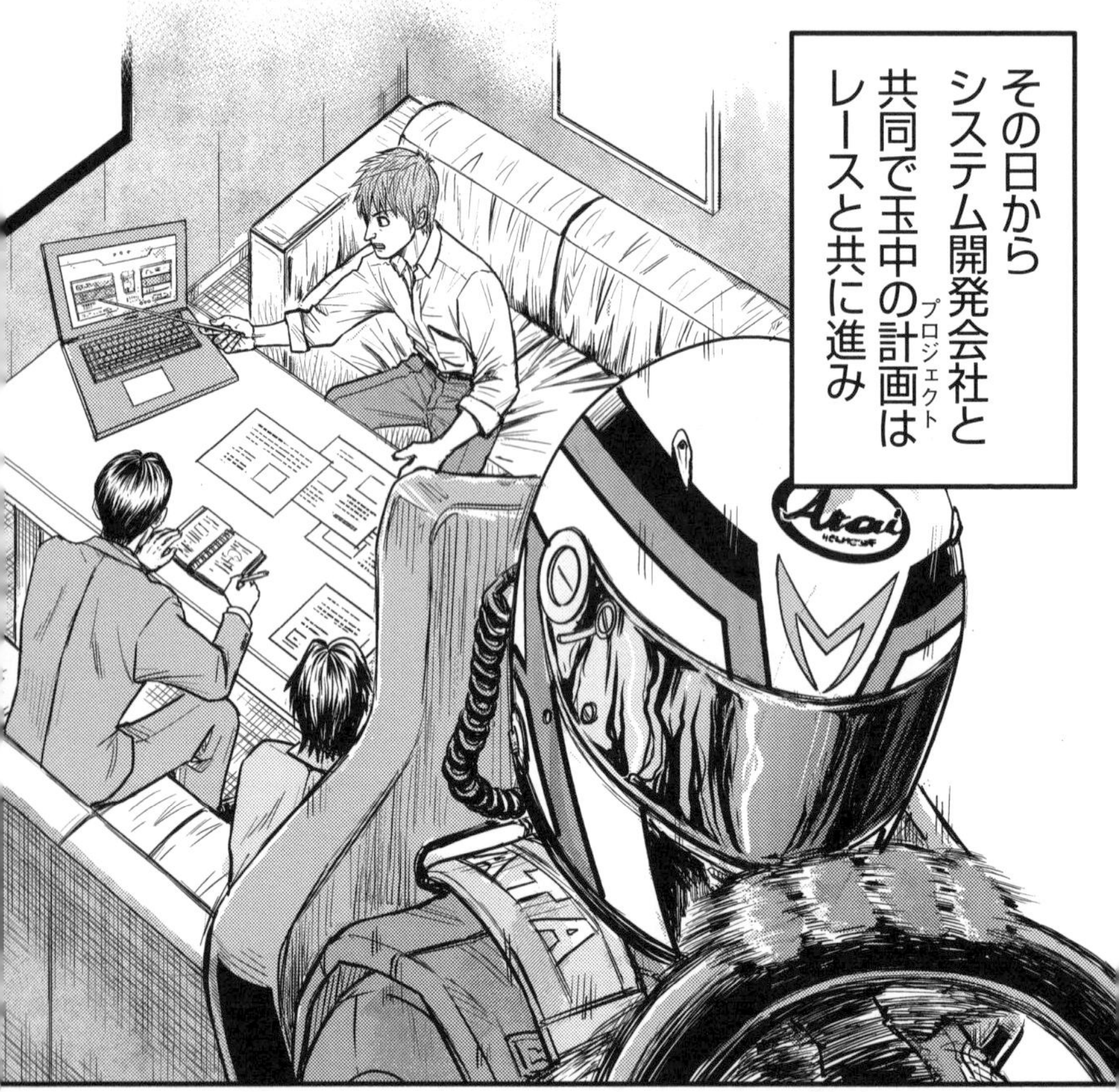
その日から
システム開発会社と
共同で玉中の計画《プロジェクト》は
レースと共に進み

その同年
2003年12月24日
イヴの日——

マッハ車検
株式会社
マッハFC 設立
第一号店
福岡・小倉東インター店
オープン
マッハ車検
早い！
明快！
安い！
検査費用
TEL 474-08
うございます
or visiting
駐車場
マッハ車検

お買い物などいかがですか?
そして翌年 2004年10月
スーパーフロントシステム『マッハタッチ』を正式導入
おじいちゃん このモニターで ボクんちの クルマが 見えるよ
コチラから しっかり作業 している様子も 見えるんですよ
へー スゴいのぉー
それだけではなく
お客様のおクルマの ドコがどうなったのか この簡単なボタンで 出るんです
ココの青いトコロが 問題ナシで
赤がおクルマの 交換しなければ ならない箇所で
黄色が現在はまだ 大丈夫ですが次回までに 交換した方がよい箇所で

もしそれがドコのコトか分からない時は
このボタンをタッチすると
このような箇所の画像が出てすぐ分かるんですよ
おお～
そりゃ分かりやすい
ボクでもわかるネ
あとはお客様本人がどこまでやるのか決めていただければイイんです♪
それが最短45分車検というこのマッハ車検なんです

マッハ東京オフィス
東京都千代田区丸の内2-4-1
丸の内ビルディング13階
マッハ車検
マッハ車検本部
マッハ車検小倉東インター店(直営店)
福岡県北九州市小倉南区長野1-6-24

こりゃいろいろ便利な車検じゃのー
なんか車検なのに楽しいよね
ありがとうございます
こうして玉中の頭の中に描かれていたビジョンが
一歩一歩着実に成長の道を歩んだのである
Your Voice

コレが玉中のビジネスだ！

其の一

45分で車検終了！ 感動の車検サービス！

立会い車検を今まで受けたことのあるお客様でも、初めてマッハ車検で車検を受けるとみなさん驚きます。本当に最短45分で車検が完結するうえに、今まで見えなかった自分の車の整備内容、そのパーツがどんな物で、交換しないとどの様なリスクがあるのか、マッハタッチを通じて分かりやすく確認できるんです。各部品の状態が「青・黄・赤」の信号色、13段階で分かるので、今回の車検で交換しなくても、1年後の点検時の交換で大丈夫など、お客様が納得の上で、整備項目を選んで会計するので、安心・納得の車検を実現できるんです！

其の二

マッハタッチで、働きやすい環境を実現！

マッハタッチのメカニック側画面、フロント側画面、お客様側画面がリアルタイムで連携して動くので、迅速、明確に情報を伝えることができるんです。スタッフ同士の無駄な動きや、情報の伝達漏れによるリスクも回避でき、ストレスの少ない職場環境を実現できることも大きな特徴です！　今まで専門知識を必要とした車検の接客も、マッハタッチに表示される部品の説明をお客様に伝えるだけで、自然と知識が身についていき、システムが教材としての役目も果たしています。

其の三

経営者が夢を持てるマッハ車検！

社長をはじめとする経営陣も、マッハタッチから店舗の統計データをどこにいてもリアルタイムで確認することができるんです。今まで見えなかった店舗が抱える問題を数字として可視化することで、問題解決に繋がります。マッハタッチは「システムの力」で「人の力」を最大限に引き出し、加盟店様が地域ナンバーワンの車検店になれる様、全力サポートします。

■第四章　直観の起死回生

レースとビジネス。更なる発展を目指して走れ

レースと実益を両立させて会社を大きくする。玉中の目指したスタイルだ。それはスーパーGT参戦の『チームマッハ』と全国展開する『マッハ車検』。この両輪を稼働させていくということ。だがその理想形に乗り出すまでの道のりはまさにアップ&ダウンだった。レースでもビジネスでも想定外の大ピンチ到来。しかし絶対負けない玉中。彼は如何に戦い、チャンスへと切り返していったのか。

マイナスからプラスへ一発逆転だ！

タツノコプロから話が来たのは２００２年。日本のレースアニメの元祖『マッハGoGoGo』のマッハ号を実際にサーキットで走らせようという企画だ。タツノコプロ創立40周年記念事業プロジェクトで、マシンもマッハ号デザインのGT仕様だ。フォーミュラ・ニッポンに参戦する一方、自動車販売業社長として活躍する玉中に、是非専属ドライバーになってほしいとの話だった。なんたって自身もマッハ号のアニメで育った世代なのだ。玉中快諾！

フォーミュラマシンからGTマシンに乗り換えて全日本GT選手権にA＆Sレーシングから出場した。アニメで知られたマッハ号がサーキットを疾走する！　注目度も、人気も抜群なのである。

同年シリーズ戦終盤を迎えるころ、タツノコプロはサーキットで走るマッハ号を、さらにアニメイメージにふさわしいものにすべく翌年からの二台参戦体制を提案。ライバルマシンのレーサーXは従来のA&Sレーシングチームで出場。主役マッハ号は玉中の『ビーワン』で参戦する、というものだ。つまり玉中が名実ともにチーム運営とドライバーを兼ねるオーナーとしてシリーズ参戦してほしいとの提案だった。自社でのチーム運営となれば、かなりの資金がいる。だが始めたばかりの全日本GT選手権には可能性を感じた。止めたくはない。マッハ号を応援してくれるファンも増えたし、タツノコ側でも有名タレントの起用などで広報にも力を入れている。さらに大手広告代理店が大口スポンサーを確約してくれたのだ。ならば、ここはやるしかないでしょう。早速マシンを手に入れた。

GT仕様の〝VEMAC RD320R〟、来季はこいつで挑戦だ！　が、まさにその時、その直前にスポンサーのドタキャン事件発生。スポンサー費激減で資金が足りない！　青天の霹靂だ。参戦するか撤退するか…。決断を迫られる。

「メカニックもクルマも、体制をそろえてましたからね。スタートしてしまった以上止めるわけにはいかない。責任があります。やる、って言ったんだから」

いや、話の流れとしては資金を出すからやってくれ、とのオファーを受けた側ではないか。だが玉中は逃げなかった。結局、億の金をビーワンが負担することになった。タツノコプロも責任は感じていたのだろう。なによりマッハ号を走らせたい、という玉中の熱意に当時のタツノコプロ社長は感動したのだった。

「タツノコさんとしてもレースは続けたかったのでしょう。でも代理店のミスで資金が足りない。では『マッハＧｏＧｏＧｏ』を使って、資金を作ることはできませんか？というタツノコ側からの提案がありました。そしてマッハ号でレースもやってくださいと」

マッハＧｏＧｏＧｏ！　そうだ、これを使おう。よし、一発逆転だ！

こうなりゃマッハでＧｏＧｏＧｏ！

一方、中古車販売の業績は伸びていた。だが玉中はこの商売ならではの困難にも直面していた。店舗が広がり販売台数も多くなればそれなりの在庫を抱えることになる。資金繰りも大変だ。加えて、在庫車の値落ちも心配だ。人を使う大変さも身に染みた。スタッフの効率の良い働き方、仕事に向かう姿勢。それは社長である玉中の望むようにはなかなかいかない。玉中は率先して働いた。レースにも参戦している。社員とのチームワークも重視していた。だが。

「社員に４２００万円、持っていかれたんですよ。横領です。結局僕がいないときの社員の働き方にも問題があった…。僕の責任です」

だから会社を空けるわけにもいかない。加えてレーススポンサーの代理店ドタキャン被害。ダブルパンチをくらった。

「マッハ号を走らせるのに億の金をビーワンからつぎ込んだ。だからその分も稼がなきゃいけない。でもこのまま中古車屋でいいのかと考えてました」

ビーワンが伸びた要因のひとつには、整備工場付き販売店をうちだしていたことだった。安心して乗れるクルマには信頼できる整備が必要だ。そして、乗り続けるには受けなければならない車検。車検は重要だ！

当時、車検業界に新たな手法が台頭する兆しがあった。〝立会車検〟である。それまで業者任せでよくわからない請求書と時間のかかる陸運局の認可にユーザーは甘んじてきた。立会車検はその不合理を解消するニュー車検として注目されていた。玉中もそのニーズを感じていた。

「車検事業を立ち上げるために勉強しました。広島にいち早く立会車検を扱っている会社があって、一年間毎週通いましたよ。周囲からは車検なんてビジネスにならないって言われましたけど」

整備の重要性は販売でもレースでも実感していた。メカに興味のない、クルマをアシとして使っている一般ユーザー向けにこそ、わかりやすい車検事業はアピールできるはず。ビジネスになる。レースと車検事業、ともにマッハでＧｏＧｏＧｏだ！　かくして大ピンチを大チャンスに変える力技を玉中哲二は発揮するのである。

レースは止めない。原動力は勝負心だ

レース参戦も続いている。２００５年からその名称を『スーパーＧＴ』とし、ＦＩＡ公認の国際シリーズとなったＧＴ戦は年8戦。国内サーキットを転戦し、以前はマレーシア、現在はタイのチャン・インターナショナル・サーキットでも走る。ＧＴ５００とＧＴ３００クラスが混走し、二名のドライバーが交代するセミ耐久レース。メーカー対決やウエイトハンデ、などの見どころ満載の大人気カテゴリーだ。玉中はＧＴ３００クラスで戦い続けている。

『チームマッハ』はもちろんアニメと同じカラーリング。カーナンバーは5番だ。2012年、13年には『スーパー耐久オートポリス』で連続総合優勝も果たした。同13年、スーパーGT参戦100戦の『グレーデッド・ドライバー』の称号がレーサーとしての玉中に授与された。

「年間国内で7戦乗ってるときはチョー大変だった」

そりゃそうであろう。富士や鈴鹿やもてぎにも行くし、一流チームが本気で参戦するレースで互角に戦うのだから。趣味の範疇を超えている。

「レースは会社の広告宣伝費、ですね。スーパーGTは人気があるしテレビ放送もされている。車検屋のチームがこういうこともやっているのかと技術のアピールもできる。社員もレーシングマシンのメカニックとして真剣勝負です。レースは会社にとってもデメリットはないです。レースと仕事はリンクしているんです。

でも根本的に好きですからねぇ。勝負心です。絶対負けたくないっていう」

勝負心。レーシングドライバーに欠かせない、そしてレーサー玉中の原動力は勝負心である。

レース界の仲間たち

レーサーとしての玉中哲二はどんな顔をもつのか。まずは現役レーサー黒澤治樹選手から見た玉中を語ってもらおう。黒澤治樹氏は父、黒澤元治氏のもと、兄、琢弥氏、弟、翼氏と共にレーサーとして活躍する生粋のモータースポーツ一家出身。ルマン24時間などの国際レース参戦やスーパーGTでは常に上位にランクされ2017年にはGT300クラスで鈴鹿と菅生で優勝、年間ランク2位。注目選手のひとりである。

超多忙でも気さくな先輩

レーシングドライバー
黒澤治樹

僕が玉中さんと一緒のチームでコンビを組んだのは、2010年から11年の2シーズンです。GT300クラスでヴィーマックに乗りました。

それ以前からプライベートでゴルフや食事に連れて行ってもらっていました。クールな感じだし、強そうな人だなぁって見えますよね。でも実際は気さくで人情味のある親分肌。若手をかわいがってくれました。

経営者でありチームオーナーでドライバーでもあったから、玉中さんは本当に忙しそうでした。サーキットでもいつも誰かと電話してる状態。一緒に戦っていた頃のエピソードも色々ありますよ。マレーシアのセパンで走った時、僕がセカンドスティントでチェッカーを受けてピットに戻ると、ファーストスティント担当の玉中さんはすでに日本に帰っていたんです（笑）。マレーシア市内で、道に迷ったあげくレンタカーのオイルパンを破損して、玉中さんが破損した穴をオイルまみれになって木で塞いだり、とか。いろんなことを思い出します。

今、僕もガレージを経営しながらレースをやっているので、玉中さんの大変さがわかります。マッハ車検を一代にして全国に広めましたからね。ドライバーとしてチームオーナーとして、ビジネスマンとしても本当にすごいと思います。

クールに見えて、フランクで楽しくレース以外にもキャンピングカーやマリンスポーツの話もしてくれる。そこも魅力的な部分だと思います。

一緒にスーパーGTを戦ってから、ずいぶん時間が経ちましたが今でも連絡してくれます。ゴルフや食事、人脈も紹介してもらいました。そんな人情味があって人付き合いを大切にする姿勢が、会社やチームを発展させる原動力じゃないかなぁ。僕も後輩の面倒をみたいと思ってるのですが、なかなかあんな風にはできないです。玉中さんは本当に大きい人ですよ。

では先輩レーサーでスーパーＧＴの親分、現在はスーパーＧＴの組織運営で日本のＧＴレーシングを国内、海外に広める活動の雄、坂東正明氏にご登場願おう。センパイから見た玉中は？

スーパーGTのために
これからも頑張れ!

(株)GTアソシエイション
代表取締役社長
坂東正明

JGTC(全日本GT選手権)に玉中が出るようになってからの関係。最初、R&Dのヴィーマックに乗っていて、オーナー兼ドライバーとして自分のチームで走らせるようになったと思うけど、19号車の俺(当時レーシングプロジェクト・バンドウ代表)としては、知らない新参者が来たなと見ていた。その後、オートポリスのレースの前後などで交流する機会ができた。

俺がGTアソシエイション代表になってからは、GT300で国内レーシングカー開発技術の維持発展を目標に作ったマザーシャシーを使いたいと手を挙げてくれた。純レーシングカーのマザーシャシーは運転もシビア。チームのクオリティを上げていく中で、彼は若手育成を目標に17年は自分が降りる決断をした。

「お前が降りたら5号車が速くなったよな」と玉中に冗談を言えるのは俺くらいじゃないの（笑）

ビジネスは上手にやってマッハ車検をどんどん大きくしてるよね。チャラチャラしているように見えて、ビジネスをうまくやりつつ、チームの基礎作りをしっかりやっているところは評価できるし、その生き方に共感できる。

最近はプライベートチームとして基礎をつくるだけでなくて、エントラント全体でスーパーGTを盛り上げられるように、協会に様々な提案をしたり、チームに賞金が出せるようにできないかとスポンサー集めに動いてくれたり。

スーパーGTをコンテンツとして高めることまで考えられる人間になっている。

独自路線で挑戦し続けるチームマッハ

『チームマッハ』は今、若手ドライバーの育成に力を入れている。レーサーになりたいという若い才能を見つけ、チャンスを与えたいのだ。

「レースの世界で、今僕ができる最良のことは若いヤツを育てること。今年の僕はオーナー兼総監督です。生半可にやるわけにはいきませんからね。マッハを応援してくれる人たちのためにもハンパはできない。一生懸命やらなけりゃ失礼じゃないですか。止めるわけにはいかない。

僕自身が今度乗りたくなったら、テストの段階からちゃんと乗りたい。ハンパに乗ってるわけにはいかないですから」

日本独自のカーレースとして発展を遂げた『スーパーGT』はワークス参戦する自動車メーカー以外は出入りの激しいカテゴリーだ。その中で長年プライベートチームとして挑戦を続ける玉中の『チームマッハ』はきわめて稀な存在。メーカーとも中央とも距離を保って独自の挑戦方法でレース界を生き抜いてきた玉中。それは他のドライバーやチームオーナーたちとは全く別のスタイルである。

「僕が社長の間はマッハ号を走らせる。マッハで走らせるのはタツノコの先代社長との約束なんです。社長が〝走らせてよ〟と言った。僕は〝走らせる〟。オトコとオトコの約束です。

僕はレースをやめない。そこはプライドでしょ」

究極の車検フランチャイズを目指して

「車検の勉強をしてこれはイケる！　と思ったんですね。中古車販売だけでなく車検に力を入れようと。でもそれだけじゃない、九州ナンバーワンの販売店にしてきたのは、それだけ苦労して工夫してきているんです。その僕の考えや工夫すべきことをシステムに取り入れようと考えていました」

常日頃〝仕事は効率よく〟がモットーだった。それを言葉や態度や指導で社員たちに伝えてみても、相手は人間、もどかしい。仕事をシステム化してもっと働きやすくできないだろうか。

お客様から認知度の高い『マッハGoGoGo』も使える。親しみあるイメージで集客力も上がるだろう。だが立会車検で学んだ以上の顧客満足度とリピート率を上げる方法があるはずだ。

「究極の効率化をホントに考えましたね。もう24時間考えてた（笑）。それにフランチャイズ化もしたかった。ビーワン時代、とあるフランチャイズ加盟店に入ろうかと思ったんですよ。でも断られた。それはウチが一番売れてたから近所の加盟店から反対をうけて（笑）」

は？　断る？　上等じゃねーか、それならウチがフランチャイズを立ち上げよう。画期的な車検ビジネス、お客さんが満足して喜んでもらえるような、社員も働き甲斐を感じる、加盟店オーナーも儲かるような…。

「仕事の効率化はデータをいかに活用するか、です。会社のイメージはできていました。それを具体化するためのシステム開発とデザイン、ビジネスコンサル会社を使って、僕のイメージを具体的に作り上げていきました。

例えばタッチパネル。それが出てきた当時から、これは使える！　と思ってました」

直観力の玉中、本領発揮である。鋭い感覚の直感力だけでなく、その本質もつかみ取る直観力。そして、これと思ったら突き進む行動力。多額の開発費用を投入し、車検システムにタッチパネルの導入開発を試みる。

二十歳を過ぎてビジネスに目覚め、商売繁盛の才覚を「流行に敏感なんです」と語った玉中は、その場面々々でも思い切った資金投入をする。

「大胆、かつ繊細、なんです（笑）」と、軽い調子で話すのだが、それは玉中の根本的な姿勢ではないだろうか。

２００３年に（株）マッハＦＣを設立し、マッハＧｏＧｏＧｏのキャラクターを使って車検フランチャイズを始める。タッチパネルを使うシステムは『スーパーフロントシステムマッハタッチ』として、翌'04年から本格導入が開始された。

相乗効果で全国制覇を狙え

現在のビジネススタイルを作り上げた二大要素はＩＴシステム開発とマッハブランドの取得だろう。事の成り行きから『マッハＧｏＧｏＧｏ』の使用権を得た玉中は、レーシングマシンだけでなく、店名からイメージキャラクターに至るまで、アニメの親しみやすさを活用できると直観した。マーケティング要素で大切な、知名度を上げるためのキャラクター（マッハ号と主役の三船少年）とキャッチーなフレーズ（マッハＧｏＧｏＧｏ〜♪のテーマソング）は既に全国的に知られている。オリジナル車検システムも『マッハ車検』の名称がピッタリきた。マッハＧｏＧｏＧｏとの出会いもまた大きなチャンスになった。

ここでタツノコプロの現社長、桑原勇蔵氏に語ってもらおう。

タツノコプロは１９６２年に、漫画家吉田竜夫氏によって創業された。『マッハＧｏＧｏＧｏ』のほかにも『みなしごハッチ』や『ハクション大魔王』『ガッチャマン』『タイムボカン』等々、オリジナルＴＶアニメを数多くヒットさせているＴＶアニメ界の老舗だ。

背中から火が出る玉中氏のオンとオフ

（株）タツノコプロ 代表取締役社長
桑原勇蔵

マッハＧｏＧｏＧｏはわが社にとってはとても大切なキャラクターです。'67年からＴＶ放映された本格的カーアクションのカラー作品で、人気を博しました。

できるだけ画をシンプルにする、という当時のアニメ制作の常識をぶち破って、アメコミ風の非常に繊細な絵をアニメにすることにチャレンジし大成功しました。

『マッハＧｏＧｏＧｏ』がなければ、今の日本のアニメはなかった、と言っても過言ではないと思っています。

アメリカでも放映されて〝日本のアニメとは思わなかった〟などと言われるほど人気となり、'08年には実写版アメリカ映画『スピードレーサー』として公開されたほどです。

マッハ社との取り組みですが、タツノコのキャラクタービジネスとしても、社名、ビジネス展開、レース車両や看板に至るまでの全方位キャラクター使用は他にありませんね。

おそらく日本でも他にないのでは？

玉中社長ともビジネスを通じて知り合ったのですが、レース場でピットに行ったらすごく険しい表情でした。いつものフレンドリーな玉中さんではなく別人。

雑談をしている時も玉中さんは興味がある話になると表情が変わるんです。ゴルフをご一緒させていただいたこともあるのですが、ここ一番の勝負時には背中から火が出てますから。本当にそう見えるんです（笑）。そんな風にオンとオフのスイッチがあるんでしょうね。

マッハ社のシステムも、どこにいても仕事ができるようになってる。

遊びたいし仕事もしっかりやる、そのためにはどうしたらいいかを考えて作られている。

すごいシステムだと思います。


『マッハGoGoGo』は私にとっても大切なコンテンツです。クルマが好きでレースが好きな玉中さんは（マッハが）ふさわしい方。

マッハ車検の店頭にはヒーローの三船くんが立ってますよね。今後さらに全国展開を図って、三船剛の姿を広めて欲しいです。相乗効果、期待します。

効率化を追求するマッハ車検

仕事では独自のシステムを開発し、全国展開する車検ビジネスも軌道に乗っている。2013年には社名を『株式会社マッハ』に変更。集客に接客、整備とスピード、品質とアフターサービス等、各加盟店が顧客に同じサービスを提供できるのは、日々開発を進めたマッハのシステムがあるからこそだ。昔は鈑金、車検、販売の情報が全くリンクしていなかった。それを車検ビジネスでいち早くIT化し取り入れた玉中の発想には顧客対応だけでなく、経営者ならではの苦労もあった。

「今までいっぱい人を使ってやってきて、教えてもなかなかその通りにはいかなかった。メカニックのスタッフも自分の技術、やり方を曲げない。頭が固いんです。僕が言っても3日も経つと戻っちゃう。僕はクルマ屋やってるときから人の何倍も仕事して経験を積み重ねた、そこをシステム化すれば働き方も変えられるのではないか」

一日は24時間。だから効率よく働く、稼ぐ。ダラダラするのが大っ嫌いな玉中は、自分だってもっと遊びたいしやりたいこともいっぱいあるし、そのためにはもっと稼ぎたい。そうやって働いてきた。

「働く人はお金と休み、そこが大切でそのことだけをまず考えるよね。仕事が終わったら早く帰りたいでしょ。給料だっていっぱい欲しい。経営者はもっと収益をあげたい。しかもせっかく育てた社員も辞めていくことも多い。何とかしたい」

そこでたどり着いたのがシステム化。働き方改革、なのだ。

「システムを使ったやり方は好きなんです。21歳で起業してシステムに巡り会うまでの二十年以上、僕のやり方を言っても教えても、どうも思うように出来てない。イライラしちゃうんですね。ヒトに対して何でわかんないのよ！って」

誰も時計に文句は言わない

「人間って誰でもヒトから言われると〝オマエ、何言ってんの？〟って思うじゃないですか。でも時計には文句言わない。時計に文句言うやつはいない。時計に動かされてるのに。システムもそうだ。システムに文句言うやつはいない。時計と一緒じゃん、と思った。人間からの指示なら文句言うけどシステムからの指示なら従える」

そこに気づいた。ヒトは他人から言われたほうがストレスを感じるのだ。玉中自身がそうだった。だから自分で効率と合理性を追求してきたのだ、それをすべてシステムに反映させる。

「社員のストレスを減らすことによって、仕事を長く続けられる。簡単なことから積み上げて、スタッフには効率的に働いてもらう」

それは社員を大切にしていくことでもある。

「ウチはメンバー15人規模の会社です。でも同業他社よりも多くの給料を払えてる。無駄な残業もないし、休み時間もちゃんと確保する。それもシステム化できたからなんです」

『マッハ車検』のシステムは、客からは見えない従業員の働き方改革がその基盤にある。そして肝心の顧客対応システムは、車検顧客待合設備の『マッハボックス』、車両点検整備システムの『マッハタッチ』と共にIT化を進化させて2016年に特許を取得した。

「中古車屋のときはフランチャイズ加盟は断られるし、マッハ号でレース始めるときも代理店との約束は破られたし、社員にも横領されたし、悔しかったよね。だから今のシステムがあるの。苦労したねぇ、悔し涙、何回流したことか。でも、だからそこでやってやろうという、逆転の発想だね！　逆境にはめっぽう強いんです」

いつも今が時代遅れなんだ

レーサーとして実業家として戦闘態勢を崩さない玉中哲二。暴走族少年だった頃からのヤンチャな顔ものぞかせて、周囲の人間を魅了する。最悪の出来事だってチャンスに変えていく。運は掴み取るものなのだ。だから玉中語録は面白い。

「儲かってると妬むヤツが多いよね。それって儲からないオマエが悪いんじゃんって思う。儲かるってことはね、お客さんの支持がいっぱいあるから儲かんの。ガメツクなんてやってない。ちゃんとお客さんの目線でやってるから儲かるの。ヒトを羨むだけのヤツは自分で自分の首を絞めてるね」

「待つのはキライ。無駄な時間はつくらない。短縮、効率、満足はシステムから発生させる。それに妥協するのも大嫌いだから、もっと凄いシステムを作る」

「会社をもっと大きくしようと思えば、もっとやり方はあるでしょう。でもそこに満足はあるか、なんですよ。僕にとって、納得できる仕事が満足なんです。いくらお金をもらったって納得できないことはしたくない。儲けだけでやっていくのはしたくない」

「何に対しても見るものすべてに〝何故？〟って思うのがキーワードです。スマートフォンが出た瞬間にカーナビは衰退するなって思いました。今が、すでに時代遅れなんです」

「僕の頭の中に〝できない〟という言葉はない。このシステムを完成させるビジョンも、タッチパネルの最終形も頭の中で描くことができています」

「時代の先を読むこと。それにいつもハイでいること。自然にそうしてるよね」

玉中の脳内エンジンはいつも高回転高出力、らしい。

海と仲間とハワイと仕事。システムがあるからこそだ

「ようやくここまで来た、って感じなんですよ。この1、2年ですよ。僕のイメージした仕事のカタチができるようになったのは」

すっかりリラックスしてにこやかに語る玉中。視界いっぱいに広がる海にオレンジ色の夕陽がゆっくりと沈んでいく。光の道が輝きながら玉中を照ら

している。福岡県の西、玄界灘に面した福津市の海岸。ここに玉中プロデュースの『マハロ』という名の施設がある。社員や友人たち、仕事のパートナーやマッハ加盟店メンバーが集える場所として作った。ビーチに建てられた白亜の殿堂は、マッハの保養所にして迎賓館、ゲストハウスなのだ。

「これだけのロケーション、他にはないでしょ。日本ではトップクラスの保養所なんです（笑）。ホント、みんなに来てほしいから」

砂浜に張り出したテラスのある2階は『マハロ』というハワイアンカフェが入っている。食事もドリンクも雰囲気も丸ごとハワイにいるようで小倉や博多から一般客もやってくる。その上階がマッハのためのゲストスペースだ。

「バイク仲間も中高時代の連中も、みんな来ますよー。ジジババになって（笑）。地元だからね。僕は小倉が好きなんじゃなくて、地元に友達がいるから〝集まろうぜーっ〟っていうとみんな来るところが好き」

本社のある小倉からクルマで40分で到着できる別天地。海好きの玉中だから、釣り道具はもちろんジェットスキーもウェイクボードも、みんなで遊べる道具がそろっている。

「マハロ、っていう言葉はハワイ語でありがとう、という意味なんです。お世話になってありがとう、っていう。もうすぐ増築しますよ。ゴルフシミュレーターや若手ドライバーがトレーニングできる、レースシミュレーターも揃えます。今4階にはエステ室もあるんですよ。それで今度は40人は泊まれるようにしちゃう、ハハハ！」

実に楽しそう。このマハロを建てたのは、ハワイが大好きだから。ハワイをまんま福間海岸に持ってきた。みんなを招待したかったからだ。

玉中はハワイのワイキキにも『マッハヴィラ』という施設をもっている。そこで冬の間、レースのオフシーズンの約三か月をハワイのヴィラで過ごしている。

「ハワイでゴルフばっかりしてるわけじゃありませんよ。そのためにもシステムがある。仕事場にいなくても、マッハタッチで現場の状況はすべて把握できるし指示できる」

玉中は「是非マッハ車検に加盟した皆さんも同じようなライフスタイルを目指してほしい」と言う。

寝る間も惜しんで仕事して、悔し涙にくれながらもシステム開発にいそしんだのは、このライフスタイルを目指していたのか！

「ハワイは人脈づくりの場でもあります。日常を離れて、日本から遊びに来た大企業の社長さん達と一緒にご飯食べたりすればお互いに分かり合える。それはビジネス上大切なことですよね」

しかもこの物件、会社の投資資産としてその価値は上昇しているという。さすがのビジネスマン、抜かりはないのであった。

明日はもっと面白いぞ！

クルマもレースも海も仲間も、好きなことを追求して仕事にしていく玉中パワー。そのライフストーリーは決して楽な道のりではなかっただろう。だが語る言葉は楽しそうなのだ。恨みつらみは言いっこなし。そこは意地でも明るくカッコ良くいくことが、玉中の流儀である。

若き玉中を応援してくれたタカギの会長はメッセージをくれた。

「お互い分野は違うが全国的な企業になったことを嬉しく思う。玉中君はまだまだ若いんだから、もっともっとチャレンジしてほしい」

そして身近な一番の理解者で、玉中自身も信頼する兄貴、玉中秀基氏からも。

「クルマとスピードが大好きだった昔から、没頭できることと出会えた弟を羨ましくも思えてました。それを仕事にして規模を広げていく姿は、サラリーマンの自分とはステージが違う世界だなぁ、と。ビジネスマンとして尊敬してます。これからも、彼は自分の思う通りの道を進めばいい。ヒトから言われて自分の道を見直すような性格ではないので」

この二人だけではなく、コメントを寄せてくれたレース仲間や仕事関係の皆の言葉の中に、玉中哲二への愛があった。

「クルマ社会が変わっていっても、僕のシステムは無くならない。今後はAI内蔵のマッハタッチとスマートフォンを繋げて、いろんなことができるシステムを考えてます。誰もやらないことをやる、っていうのが僕の考え方なんです」

まだまだ秘蔵のアイディアはある。休んでいるヒマはない。

「今？　毎日楽しいですよ」

天晴《あっぱ》れ玉中哲二。

少年時代から今も変わらぬ〝毎日が晴れオトコ〟なのである。

2017年 夏
福岡県 福津市
マハロ——
しかし
よくあんだけ
ピンチに追いつめ
られたのに
あそこから
こうやって
カフェの店まで
できるように
なるとはね…
ああ

しかも夏とかなると いつもオレ達 招いてくれて…
なんか…
哲ちゃん スゲーよな…
ホントは オレ達なんか
もう別世界の 人間のハズなのにサ
今でも オレ達のコト 友達《ツレ》として 接してくれてんだからサ

あの頃はホント悪ガキで
近所からゴミ扱いされてたけど
仲間を一度も裏切らなかったよな…
あの頃あんだけスレ違ってた親父サンも
昔亡くなる前にオバさんに言ってたらしいよ
テツは今はまだあんなヤツだけど
あいつはいつか大物になるぞって

グググ
……
しかし哲ちゃん…
大物っちゃあ大物なんだけど
なんだかイマイチ…
欲があるのか無いのか
わかんねーよな
なんでこんなトコで長グツ釣るか?

ココまで儲かってんのに
べつにフェラーリやベンツを乗り回すワケでもねーし…
ヘタなブランドジャラジャラブラ下げて
着飾るワケでもねーしな…
BEER
ただ言えるのは
BEER
生まれて育った
海と
風を切るスピードが
好きなんだろうナ

クイッ
グッ
おお
キタァ～～～!!
次のは
デケーぞ!!
みんな頼む！
手伝って
くれ!!

さすが
レーシングカーは
生で聞くと
サウンドが
スゴいですね
ココで
玉中監督
ドライバーとして
走るんですね
〝最後の鈴鹿
1000㎞〟※
ラスト
お願いします
まかせ
とけ！
真夏の耐久レースと呼ばれた鈴鹿1000キロレースが2017年でフィナーレだったのである。
オレにとって
このスズカは
いろいろ
思いが
あるからな

モチロン
マッハ号《お前》にも
ADVICS
マッハ車検
建築マニア
KENCHIKU MANIA
すべて競い合い《レース》がなかったら
今のオレは
なかったと思う

決して
レースは
楽じゃない…
ビジネスだって
いつどう転がるかなんか
わからない

でも……
その明日がわからないから走れるんだ
NaDEA
NBS
5

その向こうに
〝夢〟という
目標があるから…
マッハ車検
Arai
HELMET

終章

マッハ車検は、頭打ち感のある車検業界に何をもたらすのか？

人口は減少し、市場は縮小する。

企業は環境適応業である限り、市場環境の変化に合わせて経営も変えていく必要がある。

システム化という切り口は、間違いなく今後の業界に根を張っていくと感じる。

株式会社カービジネス研究所
代表取締役社長
堀越勝格

ある日、私宛に電話が入った。

「三栄書房と申します…」

「え？」

三栄書房といえば、知る人ぞ知る、クルマ業界の雑誌社だ。私も若いころからクルマが好きだったので、よく「Option」を読んでいた。

「マッハ車検の本を出版することになりましてね。そこに堀越さんの客観的な考え方を踏まえて執筆をお願いしたいんです。」

マッハ車検のことはもちろんよく知っていたし、少なからず交流もあった。

しかし驚いた。出版というのは、企業にとってはブランディングの上で極めて重要な意味を持つ。そこへの執筆というのだから責任は重大だ。聞けば、私が以前から連載している業界の新聞や月刊誌のコラムなどに目を通してくれており、そこでの考え方（基本的に現実主義で、データや客観的事実、現場の実務・実態を重視）に少なからず共感いただいたとのこと。今回の出版の主幹である三栄書房さんとしては、そんな私の意見として、マッハ車検を客観的に評価してほしい、とのことだった。大変恐縮したが、わざわざご依頼を頂戴したのも何かのご縁と思い、微力ながら貢献できればと快諾させていただいた。

２０１５年、ドイツ大手自動車メーカーの燃費不正問題をきっかけに、この３年で世界中が一気にＥＶ（電気自動車）開発にシフトした。どのメーカーも自動車市場の次のヘゲモニー（主導的地位）を獲得しようと躍起になっている。電機メーカーなど、自動車メーカー以外のプレイヤーも続々参入を表明した。自動車業界は今、１００年に一度の産業構造大変革時代と言われる。

産業構造が変革するということは、自分たちの常識、すなわち、これまでの知識や経験が全く通用しなくなるリスクと隣り合わせということだ。

整備業界もまた、市場が縮小していくといわれ、生き残りをかけた様々なビジネスアイデアが出回っている。業界の経営者の皆さんは日々情報に目を凝らし、何に取り組めばよいのか、次の時代への道を考え続けているのではないかと思う。私自身、自動車業界専門コンサルティング会社という仕事上、そういうテーマでの講演やコラム執筆の依頼がここ数年急増しており、情報を得る機会も非常に多くなった。

そんな中で、衝撃的な出会いがあった。「マッハ車検」だ。初めて「マッハタッチ」システムを見たとき、背筋に電流が走った。今後の自動車業界で勝ち残るために必要なすべてのエッセンスが「システム化」されていた。まさに理想の形がそこにあったのだ。

どうなる？　どうする？　自動車業界

自動車販売市場は周知のとおり、年間販売台数は１９９０年の７７７万台をピークに減少を続けており、２０１７年は５２３万台と３割以上も減少した。残価クレジットや未使用車販売、マイカーリースなど、世の中には次々といろいろな商品やサービスが出てきているが、市場を定義する大きな要素である人口が減少していく限り、残念ながら市場縮小を止めることはできない。これからも販売台数は減少していくだろう。

ちなみに、トヨタやホンダの販売現場では、「２０２０年以降の販売市場が今より２割減の４００万台まで縮小する」ことを見込んで経営方針を立てている（参照：２０１６年～２０１７年版　自動車年鑑　日刊自動車新聞社・日本自動車会議所）ようだ。

整備市場の売上が減少していくといわれている中、新車ディーラーは積極的に車検やメンテナンスの確保に取り組んでいる。５年目の車検時に戻ってきてもらって次の代替を促進するために、１回目の車検を含む４・５年のメンテナンスパックをお勧めするのが今の主流だ。私の知っている企業のなかでも、すでに新車販売時のメンテナンスパック付帯率は９割近くという企業も存在している。

今回ご紹介する「マッハ車検」の主戦場である「車検」市場も、当然のことながらこうした激しい競争が続いている。

低価格車検はすでに市場では一定の認知を得ているが、これからも価格戦略だけで生き残れるのかどうか、不安を感じている経営者も多い。

そして今、多くの経営者の共通の悩みは「人材不足」だろう。整備士が圧倒的に不足している。整備専門学校が定員割れしているという話はよく耳にする。外国人人材の採用を進める動きもあるが、まだまだ黎明期であり、一般的になるにはしばらくの時間が必要だと思われる。

市場が縮小していくとき、競合同士の市場=パイの奪い合いはより厳しいものになっていく。縮小市場では、そこに存在する企業の売上が平均的に減少していくのではなく、力のない企業は退場を余儀なくされる。退場した企業の顧客は残っている企業に移っていくため、残った企業は売り上げが増大したりする。いわゆる「残存者利益」だ。縮小市場では、この「残存者利益」をいかに獲得するか、が生き残りのカギになる。

私たちのクライアント企業の経営者のなかでも、「これをやれば絶対に生き残れる」という確証を持てるものになかなか出会えず苦慮している方はとても多い。読者の皆さんいかがだろうか。

整備戦国時代の今だからこそ、将来を見据えよう!

「忙しい」「手が回らない」

整備工場の現場でよく耳にする悩みだ。

業界としては人材が圧倒的に不足している。そこにスタッフの高齢化も加わり、業務生産性が低下してきている企業は多い。

さらに、昨今のクルマの進化のスピードは凄まじく(消費者にとっては嬉しいことなのだが)、旧来の知識だけでは対応できない。新たな機能に対応するために必死で研修に参加し、勉強していかなければならない。それでも、次々と新たな機能が開発され、学んだことがすぐに陳腐化してしまう。工場で働いている方々も、自分自身に精一杯で他の社員の育成というのが本当に難しくなっている。

結果、慢性的な多忙に悩まされている。そんな環境だから余計に新たな採用もしにくくなる。負の連鎖だ。

業界の変化のスピードは確実に速まっている。ＥＶが普及すれば修理売り上げは確実に下がる。新車ディーラー、ガソリンスタンド、カー用品店、中古車販売店、そして整備事業者。

どの業界もそれぞれが同じように市場縮小に悩まされており、一斉にＴＣＳ（トータル・カーライフ・サポート＝車販以外の収益獲得）に躍起になっている。車検・整備への参入は激しさを増しており、大手チェーンがオイル交換を無料にしたり、車検を超格安で実施したりと、どんどん価格競争が激しくなっている。

この延長線上にどんな希望があるのだろうか。そう感じる経営者の方々も多いのではないかと思う。

さらには、ネットによる車販や車検のプロモーションも普及が加速している。ネット最大手のアマゾンなど、新たなプレイヤーも次々と参入してきた。まさに整備戦国時代だ。

前述のように、生き残るには「残存者利益」を得られるビジネスモデルを構築しなければならない。大手の攻勢が喧しいが、大手と同じ戦略をとれば資本力の差が勝敗を分けることになる。生き残るためには、筋肉質な経営体質と、他の追随を許さない強固なビジネスモデルが必要なのだ。コンサルティング業務の中で多くの企業と接する機会があるが、すでに、これから生き残っていく企業と退場を余儀なくされるだろう企業が二極化してきているのを肌で感じる。少なくとも、生き残るだろう企業は、可能性へのチャレンジ力がある。手遅れにならないよう、「これだ」と思ったら即行動する。手遅れというのは、まだその時点では気づかない。すでに手の打ちようがなくなったときに、「あの時に動いていれば…」と気づくものなのだ。

勝ち残れる「経営の定石」とは

ＥＶの普及が加速すると、ガソリン車がなくなっていく。そうなると、当然整備市場自体も存在しなくなる…

そんな話を聞く機会も増えたが、実際にはどうなんだろう、そう疑問に思い、調べてみた。いろいろなシンクタンクなどが将来の市場予測をしてくれている。また、自分でもシミュレーションしてみた。その結果は、他のシンクタンクのレポートと大差ない計算結果となった。すなわち、２０３０年時点での自動車保有市場におけるＥＶ普及率は10％程度だった。つまり、あと10年少し経った未来では、まだ10台に9台はガソリン車及びハイブリッド車が存在しているということだ。まだまだ10年やそこらではガソリンエンジンはなくならないのだ。ということは、車検もまだ存在していると考えるのが妥当だろう。

どんな経営環境でも勝ち残れる「経営の定石」というものがある。

自動車業界で当てはめて言えば、それは「顧客の数を確保すること」「顧客との関係性を深めること」である。したがって、この業界で勝ち残っていくには、まずはこの10年間、車検市場が存在している間に、どれだけ車検を獲得し、「顧客を増やせるか」、そして、一度来ていただいた顧客との「関係性」をどう深めるか、これが勝敗を決めるのだ。

とはいえ、わかっていてもなかなかこれが難しい。車検受付時に、お客様に聞きたいことはたくさんある。長く乗り続けたいのか、近々乗り換えるのか。しっかり修理したいのか、とにかく価格を低くしたいのか。

また、車検時に出てきた様々な不具合箇所についても、今日その場で修理・交換してほしいのか、後日改めてがいいのか。後日改めてということなら、そのご希望のタイミングで改めて店舗からお客様に連絡をしたいところだ。

こうやればいい、という考え方やオペレーションを組むことはできても、それを「運用ベース」で機能させること、すなわち、店舗の当たり前として抜け漏れなく実践することは本当に難しい。人材育成も頑張ってみるのだが、やはり人に依存すると、人為的ミスは確実に発生し、人の入れ替わりのたびに車検入庫率が落ちる。経営者としては本当に頭を悩ますところだ。我々コンサルタントとしても、クライアント企業のそうした悩みといつも対峙し、我々自身も何度も忸怩たる思いをしたことがある。

マッハタッチを初めて目にした時の驚きの理由は、そのシステムを開発した人は、こうしたジレンマを経験し、それを一掃するために作られたことがすぐに伝わってきたからだったのだ。「すべてをシステム化し、最高の顧客満足と人材育成を成し遂げたい」という開発者の想いがひしひしと伝わってきた。その根底に流れている情熱に衝撃を受けたのだ。

まさに理想形「マッハ車検」

お客様が再来店してくれるかどうか。これは、ご来店いただいた時の接点の「量と質」で決まる。

マッハ車検では、お客様が来店すると、マッハタッチが設置されたブースに案内される。

ここには、お客様の目の前に大きなタッチパネルの画面が設置されており、フロントスタッフがお客様と一緒にこの画面を見ながら商談を進めていくことができる。

フロントがお客様に聞きたいことは、すべてマッハタッチの画面で順番に示され、お客様と会話しながら順番に要望を聞いていく。

お客様の車両が入庫され、検査員が車をチェックした結果もまた、マッハタッチの画面にすべて示される。検査の項目ごとに、問題なければ「青」、要交換なら「赤」、交換推奨なら「黄」という具合だ。例えば、「エアーエレメント」の項目が黄色になっているとする。すると、フロントスタッフはその項目を「タッチ」すると、エアーエレメントがどのくらい汚れているかが13段階のゲージで示されており、こう記載

整備工場側から検査結果を入力すると、リアルタイムで「青・黄・赤」の信号色が表示される。

お客様の待合スペース「マッハボックス」。マッハ車検の象徴であり、特許の取得もしている。

されている。

「エアーエレメントが汚れると吸入空気量が減り、燃費の悪化やエンジンのパワーダウン、不調を引き起こします。」

スタッフは、それを感情を込めて読むだけでお客様に正しく説明していることになる。黄色のものについては、即日対応しなくても車検は通るものなので、お客様の予算に合わせて本日対応するか後日にするかを選ぶことができる。すべてを確認すると、合計した見積金額が示され、お客様が承諾後、実行ボタンをタッチすると工場に作業開始指示が自動的に発信され、作業開始となる。

お客様にとって、本当にわかりやすく、超明朗会計のすごいシステムだ。これまで世の整備工場のフロントスタッフが苦労してやってきたことが、すべてシステム化されている。システム化というと何か無味乾燥なイメージがあるが、フロントスタッフとお客様が一緒にこのシステムの案内に従って会話をしながら進めていけるように設計されているため、お客様としても

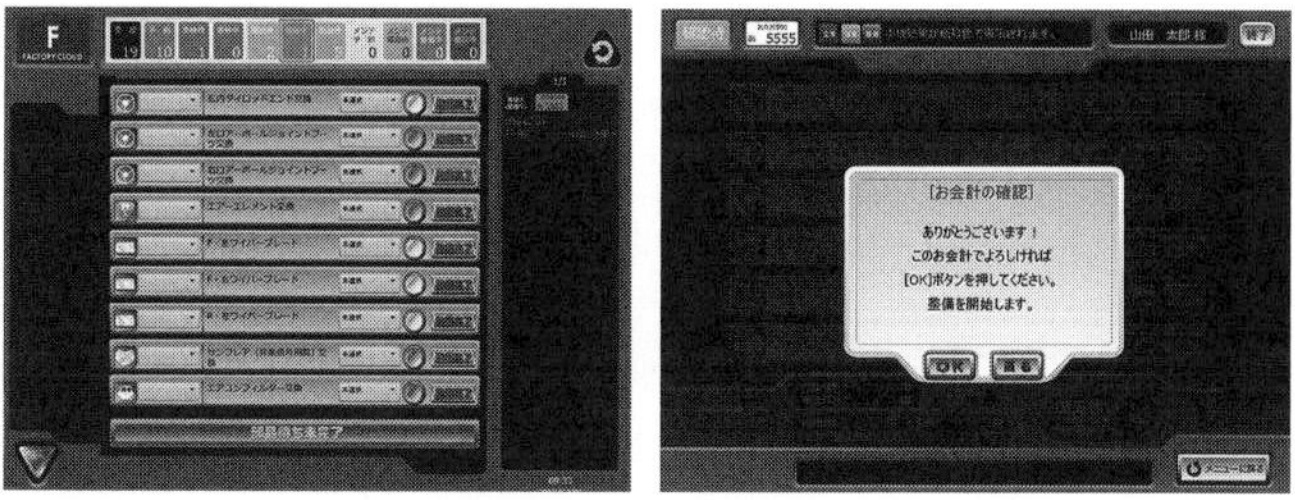

お客様が会計ボタンをタッチすると整備工場側へ作業指示が飛び、メカの作業が開始される。

ある意味楽しみながら自分の車の車検のメニューを決めていくことができるのだ。

そして、例えば本日は対応しなかったが半年後にはエアーエレメントを交換したい、となったとする。そうすると、半年後のタイミングでシステムから自動的にそのお客様へのDMが出力される。追加整備などの必要な情報を抜け漏れなくお客様に提供できるようになっているのだ。追加整備の情報があっても、それを実際にそのタイミングでご案内できていないことに苛立ちを感じている経営者は多いのではないかと思う。そんな悩みはこのシステムでは皆無なのだ。

人のマネジメントに頼る部分を極限まで排除することで、結果的にお客様とのお約束を守ることができ、信頼関係構築につなげられる。お客様はマッハ車検から連絡が入ると「約束通りにちゃんとしてくれるお店だ」と好印象を持ってくれるのだ。

システムが人材を育成する

マッハタッチが顧客接点の質を劇的に高めていることは前述の通りだが、もう一つ見逃せない価値がある。それは、「接客オペレーションとスタッフの人材育成」を同時に成立させていることだ。

車検見積時、整備項目ごとに「青」「黄」「赤」と示されているものを、それぞれタッチすれば画面にその解説が「5年・5万キロ走行ごとの交換を推奨します。エアーエレメントが汚れると吸入空気量が減り、燃費の悪化やエンジンのパワーダウン、不調を引き起こします。」そして、「交換時間の目安：○分」「整備金額○○円」とまで書かれている。フロントスタッフはそれを読めばお客様への説明になる。新人スタッフでもすぐに即戦力になりえるのだ。そして、このシステムを使った接客を繰り返していると、おのずと整備に関する知識も身についていく。

人材不足でなかなかフロントスタッフも集められないこのご時世においては、未経験スタッフでもすぐに即戦力化できるというのは本当にありがたいことだと思う。

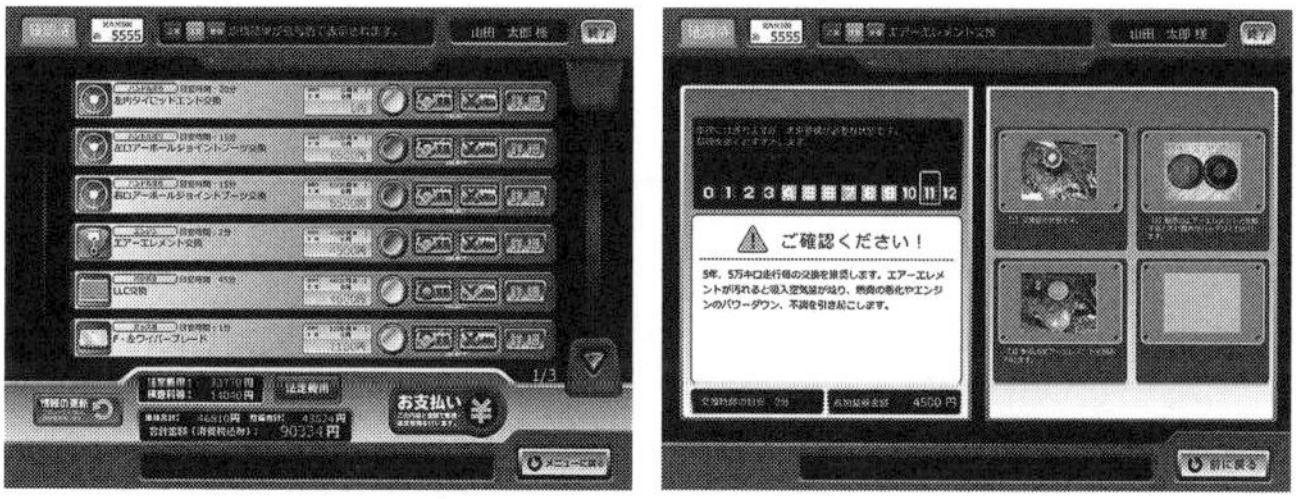

お客様への整備提案をする見積もり画面。タッチひとつで整備内容の詳細が表示される。

そして、フロントの接客が一段落した後には、整備作業の時間を使ってお客様満足アンケートが実施される。これもタッチパネルでお客様が楽しみながら満足度を選択肢に従って入力していく。仮に接客などに不満要素があれば、出庫までのわずかな接客時間の中でも改善することも可能となる。つまり、顧客満足度調査とその顧客への改善活動を同時に行ってしまえるのだ。整備業経営者がやってほしいことがすべて含まれている。

システムにアンケートが組み込まれていることで、100%に近い回答率を実現している。

玉中社長との出会い

いよいよ木々たちが夏の準備に差し掛かった晴天の4月、福岡の福津市にある「マハロ」で玉中社長にお会いする機会を頂戴した。「マハロ」というのは、ハワイの言葉で「ありがとう」といったような意味だそうなのだが、これは、ハワイが大好きな玉中社長が、従業員やビジネスの仲間と、一緒に楽しく時間を過ごせる場が欲しいと建てた、海辺で夕日が本当に素敵なレストラン&保養所だ。この「マハロ」で社長の仕事にかける思いなどを夜遅くまで聞かせていただいた。

今でこそ、こうやって保養施設を作ったりと、ひとつの成功者としての形を作り上げておられるわけだが、創業期の苦労はそれはもう大変だった。中古車販売からスタートした経営だったが、リーマンショックなどの影響もあり、多くの在庫を保有してビジネスをしていた玉中社長の会社も例にもれず資金繰りは本当に厳しかったらしい。そうしたきっかけもあり、中古車専売のビジネスモデルから脱却し、安定した経営を実現するために確実に成長できる事業モデルに変革をしていきたい、そんな思いで車検事業に参入された。もちろん、レースをやってこられることもあり、車検作業そのものは熟知していた。しかし、これを多くの人を雇って高生産性を実現しようとすると、これはまた別の問題だ。そこで、自分が考える理想のオペレーションをすべてシステム化しようとの考えに至ったのだそうだ。システム化を目指し、これまで長い時間と莫大な投資をし、試行錯誤の末にこのすごいシステムを作り上げた玉中社長の執着心

仕事のない休日には多くの仲間たちが集まる「マハロ」。英気を養うには最高のロケーションだ。

は相当なものなのだろうと察する。

しかし、お会いした玉中社長ご自身の雰囲気からは、そうした経歴からにじみ出るある種の悲壮感や迫力、といったものは全く感じられなかった。むしろ、人のいい、とっても愛想がよく人懐っこそうなおじさん（いや、失礼。お兄さん？）だった。昔の苦労話も、私が聞きたくてインタビューしたからお答えいただいたが、普段はそういう話はあまりされないのだろうと感じた。

玉中社長の口からは「仲間」「楽しく」といった言葉が何度も出てきた。ビジネスはもちろん、より大きな成功に向かって貪欲に取り組んでおられるのだが、外にはあまりそういう雰囲気は出さない。とにかく仲間と楽しく過ごすのが大好きだ。仲間をおもてなししたい、気を使わせたくない、そういうお心配りが至る所にあった。信じられないような素敵な夕日に始まったこの夜のパーティは、本当に心温まる思い出の時間となった。

そしてパーティが終わった夜更けに、真剣な顔でパソコンに向き合っている玉中社長の姿があった。新しいプロモーション企画の原稿を、細部まで詳細に内容をチェックし、修正していたのだった。仲間と楽しく過ごす顔とは別の、本気の経営者の顔がそこにはあった。

企業経営の真髄

物事というのは、本質はシンプルなものだ。

マッハ車検も同様に、タッチ画面などのインターフェイスは極めてシンプルで分かりやすい。しかし、その裏側を見せていただくと、それはもう本当に緻密に設計されている。

例えば、お金の管理に苦労している経営者は多いと思う。

マッハ車検では、システムとレジシステムが連動しているのだ。清算の際には、お客様からお預かりしたお金をレジシステムに入金すると、おつりが自動的に出てくるので金額を間違えることが全くなくなる。実際、直営店では、レジシステム導入以降お金の過不足はただの一度もないそうだ。

これ一つをとっても、実務オペレーションから人為的ミスを排除し、高生産性を実現するという開発思想がよく表れていると思う。特に、お金は大事だ。お金に触れる機会を極力なくし、計算間違いの可能性を排除することで余計なストレスやリスクを排除することができるとともに、ある種の不正防止にもなる。

手前味噌なお話で恐縮だが、私たちのコンサルティング業務の基本的な考え方は、「できるだけ人に頼らない『仕組み』を作り上げることで経営を安定させる。そして、その運用に携わる人に対して『人材育成』していくことで、より高いレベルの成果の実現につなげる。」というものである。これは、企業経営の真髄でもあると思う。

しかしながら、この「仕組み」を作るというのは難易度が高い。しかも、それをシステムとして開発していくとなると、これは相当な困難が伴う。開発するシステム会社さんはシステムのプロであって「車検のプロ」ではないだろう。そして開発を依頼する側も「車検のプロ」であるだけではなく、「車検オペレーション設計のプロ」でなければならない。玉中社長ご自身が最初からその「車検オペレーション設計のプロ」であったかどうかはわからないのだが、少なくともそういう発想でこれまで開発に多くの時間とお金を使ってこられたのは間違いない。

車検事業の高生産性を実現したいなら、まさにこのシステムはうってつけだと思う。

頭打ち感のある車検事業の業界であるが、そんな中だからこそ、ありそうでなかったこの「システム化」という切り口は、間違いなく今後業界に根を張っていくのではないかと感じる。

企業は環境適応業なり

「人口は減少し、市場は縮小する」。

冒頭にお話しした内容だ。業界はいま、こういう話が至る所で聞かれる。

しかし、よくよく考えてみたい。

市場は縮小するかもしれないが、人口は1・3億人近く、年間新車販売台数520万台（世界第3位）、保有台数7800万台（世界第3位）と、有数の超巨大マーケットであることに変わりはない。工夫次第で大きなビジネスチャンスをつかむことは十分に可能なはずなのだ。

そして、

「今までと同じやり方ではこれからはやっていけなくなる」。

ともいわれる。

しかしこれ、至極当たり前のことである。

「強いものでもなく、賢いものでもなく、そのときの環境に適応したもののみが生き残る」

という進化論の言葉は企業経営にも通じる。すなわち、「企業は環境適応業である」と言える。環境適応業である限り、市場環境が変化すればそれに合わせて経営も変えていく必要がある。経営は、一代でおよそ30年といわれるが、30年同じ経営環境であることのほうが珍しいだろう。（今から30年前といえばまだ昭和である。ちょうど携帯電話（といっても、重さ1キロ近く！）が出た頃であり、ＩＴも何もなかった。）

常に次の時代を見据え、生き残るため、そしてより成長していくために最新の経営情報に触れることは、経営者にとっては絶対に必要なことだろう。

そして、そうやって様々な情報に触れるなかで、「これならいける！」と思えるもの、かつ、自分自身の考えや価値観に合ったビジネスの発想が出てきたり、ビジネスモデルに出会えるというのは、この上なくワクワクする喜びではないかと思う。

自動車業界は、まだワクワクがいっぱいだ！

経営情報は、「見て」「触れて」「感じる」ことが大事だ。

人から聞いた情報は、あくまでも聞いた情報でしかない。

経営は「理論」だけでは成立しない。

経営は、経営者が「情熱」を傾けられるビジネスに出会ったとき、その経営者のポテンシャルは100パーセント以上に発揮される。そして、どのようなものに情熱を持てるかは、やはり「見て」「触れて」「感じて」みないとわからないものである。

マッハ車検にご関心を持たれた方は、見学会を随時実施しているそうなので、一度そこに参加してみるのがいいと思う。最後はやはり自分の感性を信じるのが一番である。

繰り返しになるが、「自動車業界は超巨大マーケットであり、チャンスはまだまだ眠っている」のだ。このマーケットで戦っていくことは本当にワクワクがいっぱいだ。

ここまでお読みいただいた読者の皆様には、ぜひともそういうお気持ちで、前を向いて楽しく、いろいろな経営情報に触れていただきたいと思う。それがやがて、「これだ！」と思えるものへの出会いにつながっていけば、こんなに嬉しいことはない。

ほりこし
かつのり
KATSUNORI HORIKOSHI

株式会社カービジネス研究所
代表取締役社長

自動車販売等の経験を経て2002年大手経営コンサルタント会社入社後、カーディーラー、自動車整備業、中古車販売店等、業界企業の経営から現場改善までありとあらゆるテーマの実践的なコンサルティングを展開。2006年からは委託販売のカーリンクチェーンのSV（店舗指導部隊）を率い、1店舗ばかりでなく、チェーン全体の生産性改善に向けた戦略的指導をも推進する。自動車販売の人材育成・営業力強化はもちろん、経営戦略の策定支援、製販の組織連携強化、組織活性化、人材評価システムの構築等、多岐にわたるテーマのコンサルティングを行い、クライアントオーナーの信頼に応えつづけている。

■謝辞

話しは、某日、某氏から、車検整備のやり方に革新を起こそうとしている人の本を出さないか？　と相談をいただいたときから始まった。

元々、小社は自動車雑誌を主体に発行している出版社なので、書籍を手掛けたことはあまりない。それと、ダレかさんの〝提灯本〟を出すことに、気が進まなかったのだが、玉中哲二氏にお会いして、話しを伺って、〝魅せられて〟しまった。

その波乱万丈の生き様をフレンドリーに素直に語るその姿勢に、驚きと感動を覚えたのだ。

こりゃ、おもろい本になるかも〜、と思った次第。

玉中哲二という名前。

タマ、ギョクね。

玉といえば、古代中国では、一国と交換しようとしたこともある、璧玉があったっけ。

中国だったら、玉中って、すごく縁起のいい名前だろうね。実際には、中国にはそんな名字はないらしいけど。

お会いしての第一印象は〝遊び人〟。

人生、楽しく遊んで暮らせればいいいんじゃない、といった雰囲気だ。

また、眼前に鏡のような波静かな海が拡がる「マハロ」で、正に〝おもてなし〟を受けると、玉中さんの優しさを感じた。

それはともかく、玉中哲二氏は、多面的かつ複雑なキャラだ。

「マッハ号」で、スーパーGTシリーズに参戦して以来十七年。ずっとドライバーを務めている。昨平成29年8月27日最後の「鈴鹿1000キロ」で、一時、クラス2位を走っていた姿は、よく記憶に残っている。

継続は力なり、という信念があってのことなのか、単に、好きだからやっているだけに過ぎないのか…。

一方、玉中哲二氏は「マッハ車検」という革新的システムを創案し、十数年にわたって開発・完成し、今や日本中に新しい車検システムを広めようとしている、ビジネスマンとしての〝顔〟も持っている。

そういったことを、なんていうこともないさ、と〝いたずら小僧〟みたいな顔つきで語る玉中哲二、あんた、いったい何者なの？

本来、謝辞とは、著者が記すものだが、今回は、当方がいろいろお世話になった方への謝意を表したい。

D1マンガの第一人者「しんむらけーいちろー」さんの奮闘努力に感謝です。複雑で手間のかかるバイクやレーシングカーなど丁寧に描いてくれました。筆達者の「武井千会子」さんの千変万化の筆運び、やはり、上手いな〜。ありがとうございます。

堀越勝格氏、ご執筆ありがとうございます。「マッハ車検」のビジネスモデルを分かり易く説いていただいた。

最後に、コメントを寄せていただいた、星野一義氏、坂東正明氏、黒澤治樹氏、髙城寿雄氏、桑原勇蔵氏、玉中哲二氏のお兄様の玉中秀基氏など各氏の玉中哲二氏への〝応援歌〟、ありがとうございます。

株式会社三栄書房
取締役相談役
鈴木脩己

直観レーサー玉中哲二の

マッハ車検物語

～日本の車検を変える男～

2018年８月15日　初版 第１刷発行

著者　しんむらけーいちろー
武井千会子

寄稿　堀越勝格
編集　高橋浩司
装丁　新田彰太
DTP　樋口義憲
写真　マッハ車検／SAN'S INC.

特別協力　服部慎司（マッハ車検）

発行人　星野邦久
編集人　高橋浩司
発行元　株式会社三栄書房
〒160-8461
東京都新宿区新宿6-27-30
新宿イーストサイドスクエア7F
TEL：03-6897-4611（販売部）
TEL：048-988-6011（受注センター）

印刷製本所　図書印刷株式会社

ISBN 978-4-7796-3716-2

2003年から玉中哲二が発案した車検システムは、玉中の現場体験と知恵と努力の結晶です。今後も車検整備業界・自動車業界に微力ながら貢献できるよう、開発を続け、この車検システムの素晴らしさに共感できる企業とともに世の中に広めていきたいと思います。しかしながら、この車検システムを不正に模倣する企業に対しては断固たる姿勢にて対応していくことをここに宣言いたします。

株式会社 マッハ